Kan Kan Trip Japan

# 愛しの灯台 100

不動まゆう

# はじめに

あなたの旅の目的はなんですか？
美味しい食事？　ストレス発散とリラックス？
「孤独になるために旅をする」といっていたのはスナフキンでしたっけ。

私の旅の目的は灯台です。
そこは広い空と海、風に揺れる木々に包まれています。
人は少なく、自分だけの時間が流れます。
灯台に近づけば歴史に触れ、知的好奇心が刺激されます。
ドキドキするほど神秘的な夜の姿に見惚れれば、もう灯台のとりこです。

（でも灯台ってなんだか遠そう……）

そうですね。灯台は陸地の端っこで、
海に突き出た場所にあります。
そのためアクセスは大変ですが、そこも面白いところなんです。
灯台に出会えた時は達成感に満たされます。
さあ、街をすり抜けて灯台に針路をとりましょう。

あ、もちろんアクセスがよく、気軽に楽しめる灯台もありますよ！

日本はたくさんの灯台に囲まれています。
日本中の端っこに行きたい場所があるなんて
なんだかワクワクしませんか？

## もくじ

## 関東の灯台



## 中部の灯台

## 近畿の灯台



## 中国・四国の灯台

## 九州・沖縄の灯台

# 全国灯台マップ

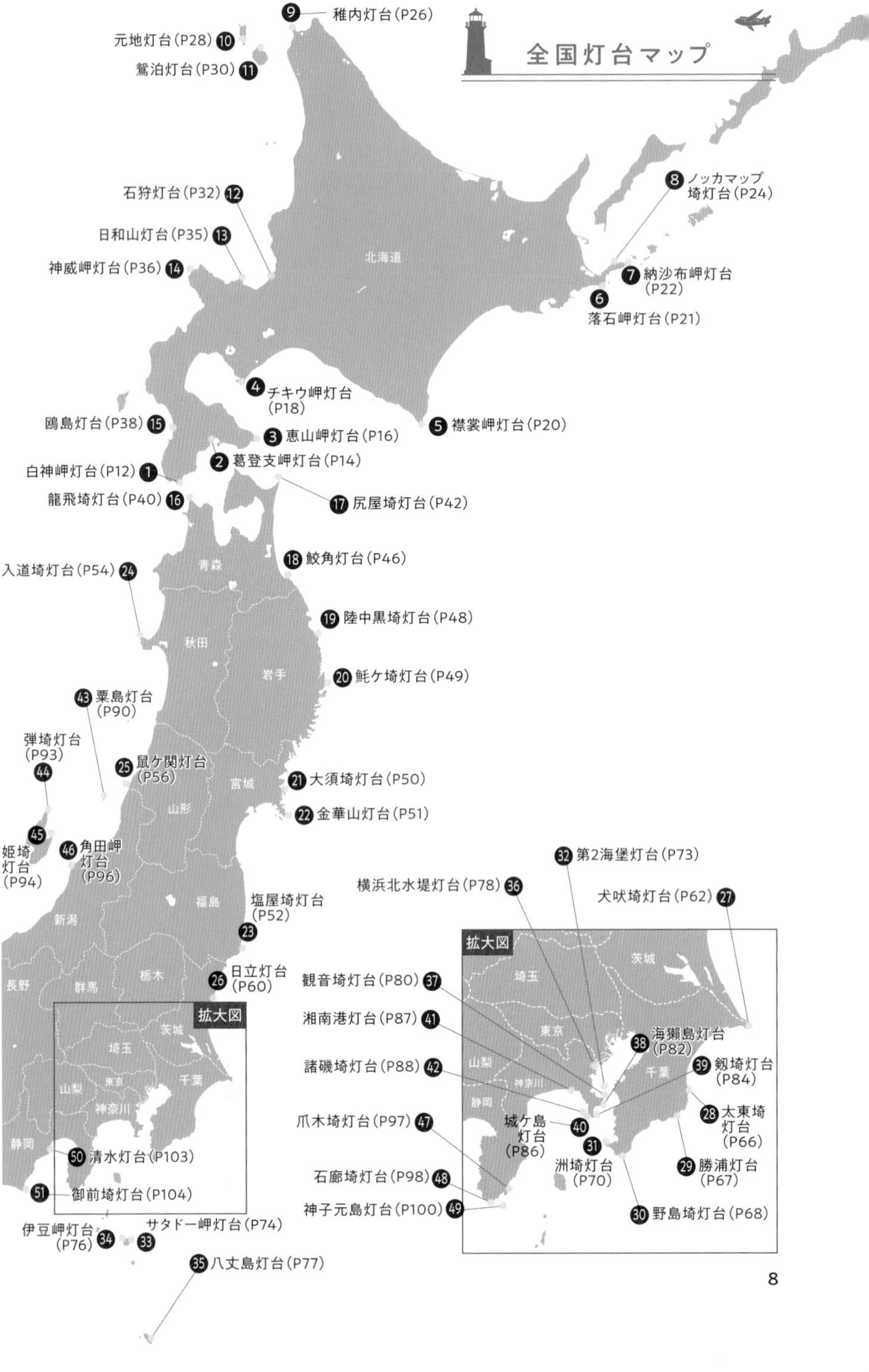

9 稚内灯台（P26）
元地灯台（P28）10
鴛泊灯台（P30）11
12 石狩灯台（P32）
13 日和山灯台（P35）
14 神威岬灯台（P36）
北海道
8 ノッカマップ埼灯台（P24）
7 納沙布岬灯台（P22）
6 落石岬灯台（P21）
4 チキウ岬灯台（P18）
5 襟裳岬灯台（P20）
15 鴎島灯台（P38）
3 恵山岬灯台（P16）
2 葛登支岬灯台（P14）
1 白神岬灯台（P12）
16 龍飛埼灯台（P40）
17 尻屋埼灯台（P42）
18 鮫角灯台（P46）
24 入道埼灯台（P54）
青森
19 陸中黒埼灯台（P48）
秋田
岩手
20 魹ケ埼灯台（P49）
43 粟島灯台（P90）
44 弾埼灯台（P93）
25 鼠ケ関灯台（P56）
宮城
21 大須埼灯台（P50）
山形
22 金華山灯台（P51）
45 姫埼灯台（P94）
46 角田岬灯台（P96）
福島
23 塩屋埼灯台（P52）
新潟
26 日立灯台（P60）
長野
群馬
栃木
拡大図
茨城
埼玉
千葉
山梨
東京
神奈川
静岡
50 清水灯台（P103）
51 御前埼灯台（P104）
34 伊豆岬灯台（P76）
33 サタドー岬灯台（P74）
35 八丈島灯台（P77）
32 第2海堡灯台（P73）
36 横浜北水堤灯台（P78）
27 犬吠埼灯台（P62）
37 観音埼灯台（P80）
41 湘南港灯台（P87）
42 諸磯埼灯台（P88）
47 爪木埼灯台（P97）
48 石廊埼灯台（P98）
49 神子元島灯台（P100）
38 海獺島灯台（P82）
39 剱埼灯台（P84）
28 太東埼灯台（P66）
29 勝浦灯台（P67）
30 野島埼灯台（P68）
40 城ケ島灯台（P86）
31 洲埼灯台（P70）

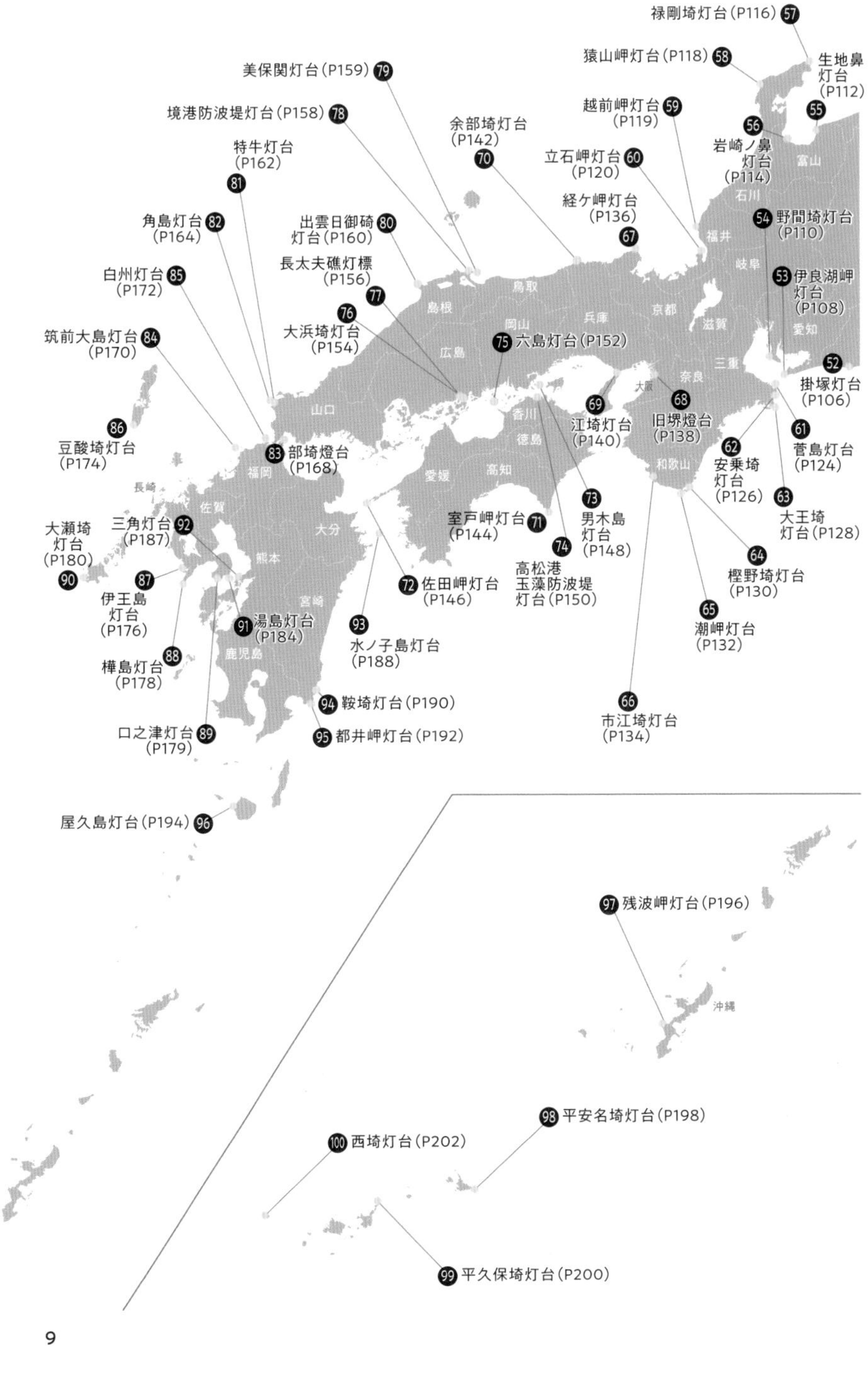

禄剛埼灯台（P116）57
猿山岬灯台（P118）58
生地鼻灯台（P112）
55
56
岩崎ノ鼻灯台（P114）
越前岬灯台（P119）59
立石岬灯台（P120）60
経ケ岬灯台（P136）
67
54 野間埼灯台（P110）
53 伊良湖岬灯台（P108）
52
掛塚灯台（P106）
61
菅島灯台（P124）
62
安乗埼灯台（P126）
63
大王埼灯台（P128）
64
樫野埼灯台（P130）
65
潮岬灯台（P132）
66
市江埼灯台（P134）
68
旧堺燈台（P138）
69
江埼灯台（P140）
余部埼灯台（P142）
70
室戸岬灯台（P144）71
72 佐田岬灯台（P146）
73
男木島灯台（P148）
74
高松港玉藻防波堤灯台（P150）
75 六島灯台（P152）
76
大浜埼灯台（P154）
長太夫礁灯標（P156）
77
境港防波堤灯台（P158）78
美保関灯台（P159）79
出雲日御碕灯台（P160）80
特牛灯台（P162）
81
角島灯台82（P164）
白州灯台85（P172）
筑前大島灯台84（P170）
86
豆酘埼灯台（P174）
83 部埼燈台（P168）
大瀬埼灯台（P180）
90
三角灯台92（P187）
87
伊王島灯台（P176）
91 湯島灯台（P184）
88
樺島灯台（P178）
口之津灯台89（P179）
93
水ノ子島灯台（P188）
94 鞍埼灯台（P190）
95 都井岬灯台（P192）
屋久島灯台（P194）96
97 残波岬灯台（P196）
98 平安名埼灯台（P198）
100 西埼灯台（P202）
99 平久保埼灯台（P200）
富山
石川
福井
岐阜
愛知
滋賀
京都
兵庫
鳥取
岡山
島根
広島
山口
大阪
奈良
三重
和歌山
香川
徳島
愛媛
高知
福岡
長崎
佐賀
大分
熊本
宮崎
鹿児島
沖縄

# 灯台めぐりの準備

## 服装や持ち物

灯台を訪れる時の服装や持ち物は、トレッキングの装備を参考にするといいでしょう。滑りやすい岩や斜面をのぼることもあるので靴選びは重要。また虫に刺されないよう肌の露出は控えること。ブヨや蜂などに刺された時のためポイズンリムーバーを持っていると応急処置ができます。忘れてはいけない持ち物として、帽子と水。帰り道が暗くなることもあるので懐中電灯も持参してください。

## アクセス情報

本書のアクセス情報は、灯台までの「徒歩にかかる時間」に重点をおいて記載しました。灯台への移動手段は車が便利ですが、公共交通機関で訪れたい方のために、最寄りのバス停や駅から徒歩にかかる分数を示しています（徒歩では無理がある場合は、車でのアクセスを前提として記載）。しかしダイヤが極端に少ない場合もあるので事前に確認してください。
灯台の敷地に車を停めることはできません。最寄りの駐車場は、徒歩５分以上かかる場合は目安で時間を入れています。駐車場がない場合は、事前にグーグルストリートビューなどで駐車できそうなスペースを探しておくといいですよ。もちろん実際の状況に応じて周囲の迷惑にならないような配慮が必須です。

## 本書の灯台基本情報

**初点灯**

灯台が初めて点灯した年月日。改築されている場合も初代灯台の点灯日を記載しています。和暦に天保暦を使っていた明治5年12月2日（1872年12月31日）までは、西暦と併記しています。

**アイコンの意味**

○重文…国の重要文化財に指定された灯台
●のぼれる…燈光会の管理する「のぼれる灯台」
●恋する…恋する灯台に選ばれた灯台
●明治期…A～Dのランクに振り分けられた明治期灯台
●カード…灯台カードデジタルが入手できる灯台
●文化財…国の登録有形文化財に登録された灯台

**航路標識番号**

灯台やブイなど航路標識全てに振られた通し番号。灯台表と照合する際に参考にしてください。

**塔高**

地上から灯台の頂部までの高さ（風見鶏は含めない）。

**灯質**

灯台によって決められた光り方の周期（コラム「フレネルレンズと光」参照）。

**灯器**

フレネルレンズを使用している場合は等級、それ以外は灯光器の種類。

# 北海道の灯台

001

# 白神岬灯台

北海道／しらかみみさきとうだい

航路標識番号
0001

所在地：北海道松前郡松前町字白神
アクセス：ＪＲ「函館北斗駅」から車で1時間30分
初点灯：明治21（1888）年9月15日

無料P

塔高:17m
灯質:Al Fl W R 30s
灯器:第4等2面閃光レンズ

## 灯台表トップバッターの灯台

日本に灯台がいくつ立っているかご存じだろうか。近年は廃止される灯台も多く、減少傾向にあるが、それでも３０００基を超える。岬にある大型の灯台から、防波堤の小さな灯台まで含めた数だ。明治元年から灯台建設が始まり、海運の要として近代化の歩みを支えてきた。これから１００基の灯台を紹介するが、それぞれの灯台に歴史あり、だ。

白神岬灯台は航路標識番号０００１番。海上保安庁が発行する「灯台表」（航海に必要な灯台等のデータを記載した書誌）の最初に記載されている。この本でもトップバッターを飾ってもらおう。場所は渡島半島《おしまはんとう》の先端、つまり北海道を象の顔に例えると「鼻の先」に位置する最南端にある。

灯台から海を眺めると、西と東で風が異なるためか波の形が全く違う。

　津軽海峡を挟んで対岸は龍飛崎なのだが、なんとこうした海峡を泳いで渡るスポーツがあるらしい。「海峡横断泳」と呼ばれ、中でも津軽海峡は流れが速く、うねりも強いため「世界難関7海峡」のひとつだと聞いた。白神岬と龍飛崎の直線距離は19kmだが、海流に阻まれ、実際に泳ぐ距離は30kmとなり10時間以上もかかるらしい。

　このスポーツの一流選手だったら泳いで灯台めぐりも夢じゃなさそうだ。

002

# 葛登支岬灯台

北海道／かっとしみさきとうだい

## 日本で唯一のレンズを持つ灯台

北海道の地名は、本州生まれの私からすると独特だ。葛登支を「くずのぼり…… いや、くずとし?」と難儀したが、正しくはカットシと読む。アイヌ語で「楡《にれ》の木が多くある場所」を意味するらしい。この樹皮から繊維をとり、布や衣服を織るのに使われていたという。灯台までの道では様々な植物が自生していたが、楡の木はあったのだろうか。

函館湾の入り口を示す灯台のため、青森と函館間のフェリーからよく見える。夜間だったら光を見つけてほしい。灯台は「光」でどこの灯台か判別ができるよう、色と周期が灯台によって決められており、葛登支岬は「白い光が6秒間点灯し、4秒間消える」を繰り返す。このように光っている時間が数秒間あるのを「明暗光」と言い、日本で初めて明暗光が設定されたのがこの灯台だ。ちなみにピカっと短く光るのは「閃光」と言う。また、レンズも葛登支岬灯台は日本で唯一のタイプだ。不動レンズのように見えるのに回転するのだ（詳しくはコラム参照）。

そしてお土産は「トラピストクッキー」がオススメ。箱に小さく灯台のマークが描かれているのだが、それは当別《とうべつ》トラピスト修道院が、葛登支岬灯台にちなんで「灯台の聖母トラピスト修道院」と呼ばれているからだ。

航路標識番号
0012

所在地：北海道北斗市茂辺地
アクセス：バス停「灯台入口」徒歩3分
初点灯：明治18（1885）年12月15日

塔高:16m
灯質:Oc W 10s
灯器:第3等大型
12面レンズ

カード

003

# 恵山岬灯台

北海道／えさんみさきとうだい

## 雄大な自然の中にある灯台

航路標識番号
0039

所在地：北海道函館市恵山岬町
アクセス：函館空港から車で1時間
初点灯：明治23（1890）年11月1日

無料P

塔高:19m
灯質:Iso W 6s
灯器:第3等大型
不動レンズ

カード

人も灯台も、働いている姿が一番カッコいい。灯台にとっては夜。光を放つ姿が最も魅力的だ。ただし、その姿に見惚れていると帰りが暗くなり危険を伴う。そこで近くの宿泊施設を予約することをお勧めする。恵山岬には灯台から徒歩数分の場所に立派なホテルがあり、そこを拠点とすれば早朝も夜も灯台の姿を楽しむことができる。

現在灯台は、遠隔監視・管理され、暗くなると自動で点灯するが、電化される昭和初期までは、「灯台守《とうだいもり》」と一般的に呼ばれていた技術者が移り住み、気象観測、海上監視、船舶との無線応答、

霧がでれば霧笛を鳴らし、暗くなれば石油やガスを燃料として火を灯す。という業務を行っていた。インフラが整っていなかったため、生活用水は貯めた雨水。畑を耕し、魚を釣り、自給自

足が必須。人里離れた地での生活は過酷を極めた。
元灯台守の方に恵山岬での思い出を伺った。「朝起きると、布団に霜が降りているほど寒かったよ」と穏やかに笑う。もう80歳を超えていらっしゃるが、当時の話をする姿は今でも使命感と誇りに満ち溢れていた。
ちなみに函館に宿泊すると朝食にイカ刺しがでる。お酒のアテじゃん！　と驚くが、イカ漁船が戻ってくるのは朝。新鮮にいただくベストタイミングは朝食らしい。

004

# チキウ岬灯台

北海道／ちきうみさきとうだい

## 「鉄のまち」に成長させた影の立役者

室蘭は明治後期から鉄工所が設立され、「鉄のまち」として工業都市に発展した。燃料となる石炭を積んだ船にとって、室蘭港へ導くチキウ岬灯台は重要な目標物。そう考えると灯台は街を支えた影の立役者と言える。

てっきり、地球が丸く見えるという理由の地名だと思っていたら、アイヌ語の「チケウェ」＝「削られた場所（崖）」を意味するとのこと。実際に海抜１３０ｍの断崖絶壁に立っている。

昔は手前の敷地に官舎が建てられ、灯台守が家族と共に暮らし灯台の維持管理を行っていた。また霧笛も備えられ、霧が立ち込めると大きな音によって灯台の位置を伝えていた。

航路標識番号
0088

所在地：北海道室蘭市母恋南町４の77
アクセス：バス停「地球岬団地」徒歩20分
初点灯：大正９（１９２０）年４月１日

無料P

塔高:15m
灯質:Fl（2）W 30s
灯器:第3等小型2面閃光レンズ

カード

# 灯台各部の名称と用語

灯台の各部位にはそれぞれ名前があります。名前を知ると、その細部にまで意識がいくようになり、「灯台の違いがわかる人」になってきます。次に疑問も生まれます。「なんでこの灯台の○○はこんな形なんだろう」とか。その知りたい気持ちが灯台学の第一歩！ 文献や資料を読んで「なるほど！」となれば、楽しさはさらに倍増！ ここでは理解を進めるために、よく使われる名称や用語をまとめます。

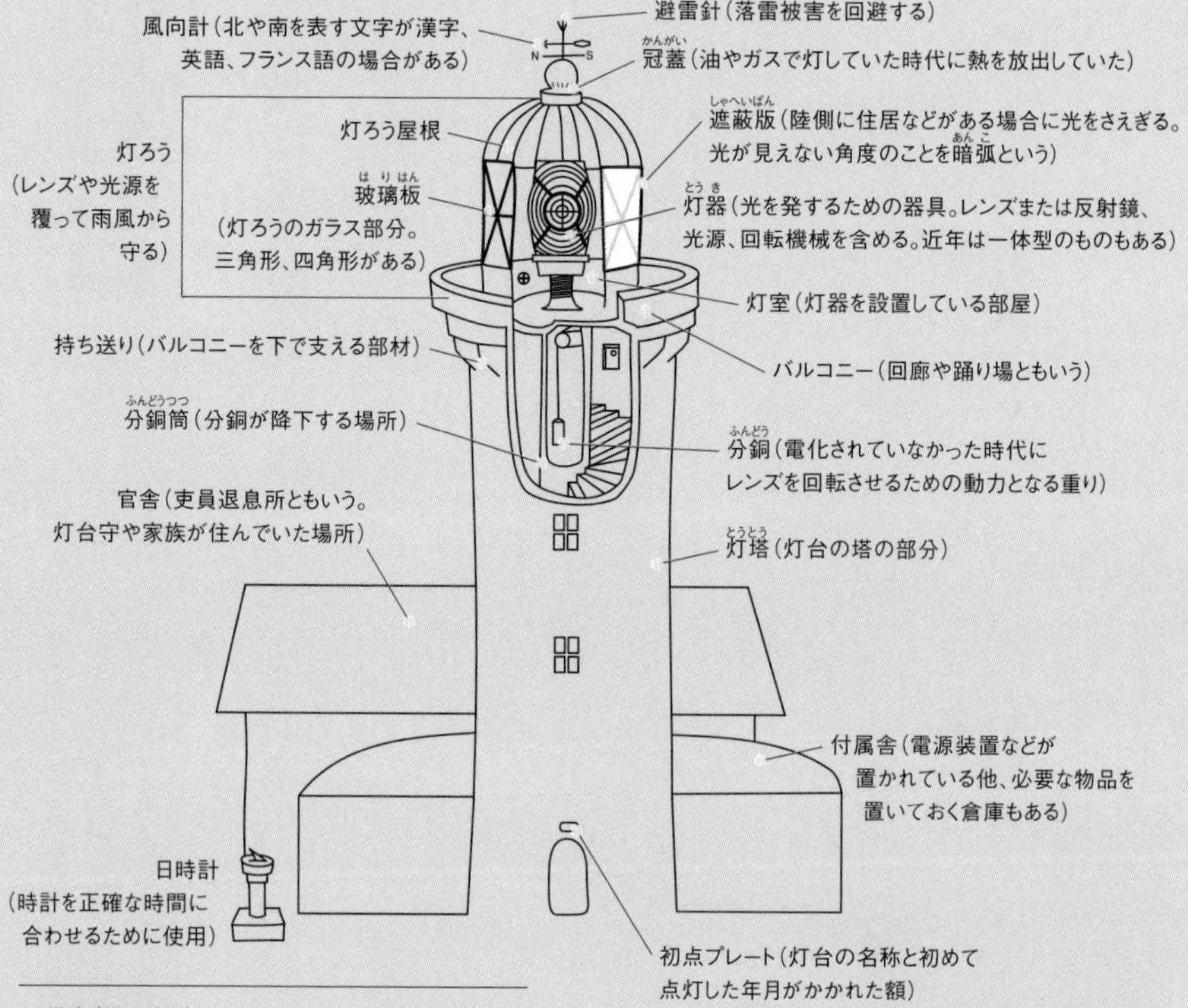


塔高（塔の高さ）
灯高（平均水面から光までの高さ）
光達距離（光が届く距離）
灯質（各灯台に決められた光り方。色や回数、周期）

※建設された時代や灯台の規模によって違いがでることがあります。

005

# 襟裳岬灯台

北海道／えりもみさきとうだい

## 風の岬に建つ灯台

広い芝生にポツンと建ち、丸いレンズがどの方角からもよく見える。現在の灯台は2代目だが、初代の灯台の周りには霧笛舎や灯台守官舎がひしめくように建っていた。その様子は昭和16（1941）年の記録映像「海を照らす人々」（松竹文化映画製作所）に残っている。灯台守とその家族の暮らしを伝えてくれるのでぜひご覧いただきたい。燈光会のホームページで公開している。

ここは日本屈指の強風地帯なので、風が強い日は「風の館」で一息つくといい。室内の展望室からは岩場に上がってきたゼニガタアザラシを望遠鏡で眺めることができる。えりも岬郵便局の風景印はアザラシと灯台がデザインされていて可愛い。

航路標識番号
0120

所在地：北海道幌泉郡えりも町字東洋367
アクセス：バス停「えりも岬」徒歩5分
初点灯：明治22（1889）年6月25日

無料P

塔高:14m
灯質:Fl W 15s
灯器:第3等大型2面閃光レンズ

カード

006

北海道／おちいしみさきとうだい

# 落石岬灯台

## 到着する前に、もう好きになる

道の果てまで車を走らせる。こう書くと詩的だが、落石岬に行くときのリアルだ。舗装された道が砂利道にかわり、ついにその道も突き当たる。ここからは歩き。30分近くあるが飽きることはない。草原に突如、時の流れからこぼれ落ちたような落石無線電報局跡（とってもレトロ）があり、湿地帯に差し掛かると松林が現れ、木道が中へと誘導する。天気が良ければ爽やかだが、夏場は毎日のように発生する海霧《うみぎり》に包まれ、別世界へ迷い込むようなミステリアスさ。視界が開けると、赤白の灯台が彼方に見え、季節によっては花が咲き誇る。ドキドキするほど、アクセス自体がファンタジーだ。

航路標識番号
0147

所在地：北海道根室市落石西
アクセス：車道終点から徒歩25分
初点灯：明治23（1890）年10月15日

塔高:15m
灯質:FI W R 8s
灯器:LB-H90型灯器

北海道／のさっぷみさきとうだい

007

# 納沙布岬灯台

## 朝日に近い灯台

明治5年、北海道で最初に建てられたのが納沙布岬灯台だ。目の前の珸瑶瑁水道《ごようまいすいどう》が海の難所として恐れられていたことや、国防の目的があったのではないかと推測する。

太い円筒形の塔が堂々と頼りがいがある。この灯台を「北海道最古」と表現することも多いが、ここで気をつけたいのは、現在の灯台が最古ではないということ。現在の灯台は2代目で、昭和５（１９３０）年に改築された鉄筋コンクリート造。初代は六角錐の木造灯台だった。灯台の素材は主に５つ。木、煉瓦、石、鉄に明治中期からコンクリートが加わる。これらの素材は地理的、経済的事情で使い分けられるが、北海道のような寒冷地では工事が可能な季節が限られる。そこで工期が短くて済む木造や鉄造が採用された。ただしこれらは石や煉瓦に比べ耐久性が低い。そのため北海道で建てられた多くの初代灯台は建て替えられているのだ。

この岬からは北方領土がすぐそこに感じられた。そして歯舞群島《はぼまいぐんとう》の貝殻島《かいがらじま》に傾いた灯台が見える。昭和12（１９３７）年に日本が建設したものだが、現在はロシアの実効支配下にあり保守ができず廃墟のようになっている。その姿を見ているといたたまれない気持ちになる。

航路標識番号
0154

所在地：北海道根室市納沙布
アクセス：バス停「納沙布岬」徒歩5分
初点灯：明治5年7月12日（旧暦）
1872年8月15日（西暦）

無料P

カード

塔高:14m
灯質:Iso W R 6s
灯器:第4等不動レンズ

納沙布岬灯台

008

# ノッカマップ埼灯台

北海道／のっかまっぷさきとうだい

## ミステリアスな美灯台

灯台マニア、ことに灯台女子にはそれぞれ「タイプの灯台」がある。それを公言するのは恋愛感をさらけ出すようで恥ずかしいが、ズバリ、私はノッカマップ埼灯台が好みのど真ん中だ。身長は高くはないが、真っ直ぐスラリとした塔は八角形で小粋だ。お洒落さを演出するボーダーシャツを脱いだら細マッチョな体にうっとりさせられそう（妄想が過ぎる）。極め付けに顔が小さく、ツンと尖った頭の形。かなりの美灯台だ。それなのに広い草原にポツン……と1人で立っているのだ。この寂しげな表情がたまらない。

さらに「歴史的灯台」でもなければ、「灯台○選」などにも選ばれていない。つまりライバルが少ない。私は競争が嫌いなくせに独占欲が強いのだ。がんばって振り向かせれば私だけを見てくれそう（勝手な解釈）。と、完全に灯台を擬人化して熱っぽくなってしまうのも、火成岩の影響で地磁気の異常があるからかもしれない。この岬の1海里（1・852㎞）は船のコンパスが狂うことが海図にも明記されている。ますますミステリアスで惹かれる。

灯台までは未舗装ながら道がつながっているが、手前で車を降り、広々とした草原を歩いて会いに行くほうがワクワクできると思う。

航路標識番号
0202

所在地：北海道根室市牧の内
アクセス：JR「根室駅」から車で15分
初点灯：昭和39（1964）年4月1日（海保データ）
初点プレートは昭和38（1963）年11月

塔高:11m
灯質:Fl (2) W 10s
灯器:LED灯器

009

# 稚内灯台

北海道／わっかないとうだい

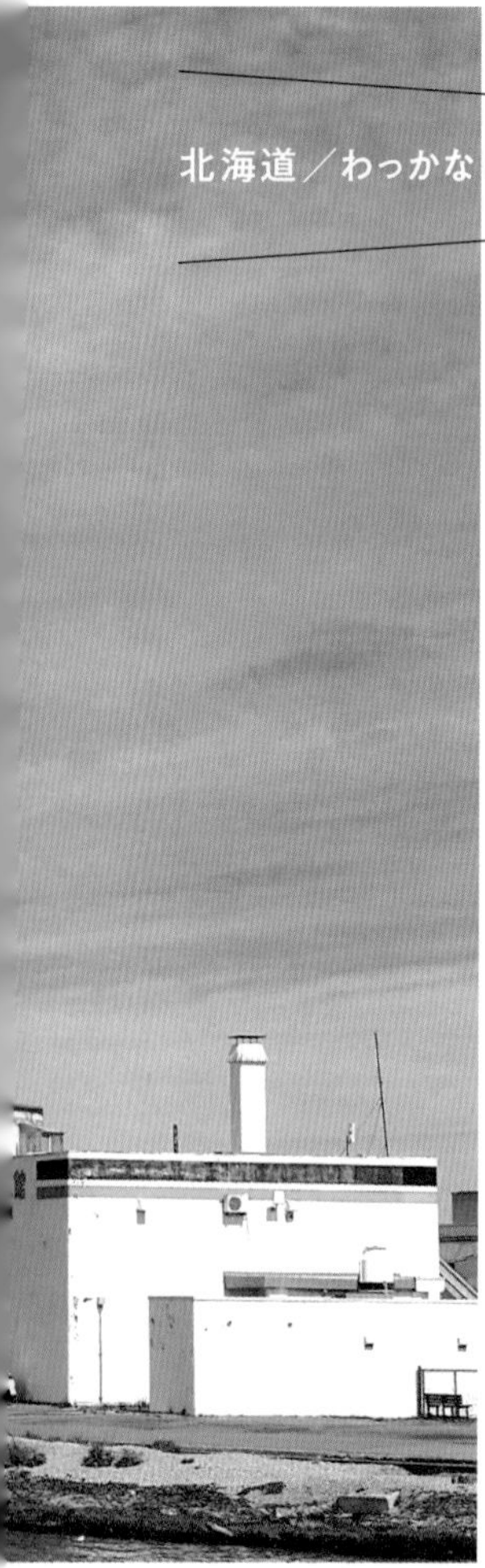

航路標識番号
0510

所在地：北海道稚内市ノシャップ2丁目2
アクセス：バス停「ノシャップ」徒歩10分
初点灯：明治33（1900）年12月10日

無料P

塔高:43m
灯質:Fl（2）W 20s
灯器:LB-H90型灯器

カード

## 冬は流氷を望むノッポ灯台

出雲日御碕灯台に次いで日本で2番目に背の高い灯台。目を引く赤白の縞模様にスラリとしたシルエット、そして中腹でバルコニーが作られているのは珍しい。稚内空港からは車で15分ほどだ。

初代の灯台は小高い丘の上（現在は自衛隊駐屯地となっている）に建てられていたが、昭和41（1966）年に2代目として現在の場所に建て直された。海抜が低くなったのでその分背を高くしたのだろう。初代は映画『喜びも悲しみも幾歳月』にその姿を残している（佐渡島の弾埼灯台という設定で）。

利尻島や礼文島へ渡るフェリーからもよく眺めることができる。海上からのアングルだと背景に利尻富士を背負ったように見えてまたカッコいい。

この灯台から車で45分ほどの場所に日本が管理する灯台の中で最北端に位置す

る宗谷岬灯台がある（左の写真）。稚内灯台と同じく赤の縞模様だが、シルエットは全く違う。観光地として駐車場の近くには土産物屋や食堂も軒を連ねるが、灯台の周囲には芝生が広がりキタキツネが現れることも。

010

# 元地灯台

北海道／もとちとうだい

## 花の浮島に立つ灯台

「花の浮島」との異名をもつ礼文島。海抜の低いトレッキングルートでも高山植物を楽しめる。灯台までの道もそんなルートのひとつで、6～7月ごろは多くの花々が開花する。とくに人気があるのは礼文島固有種であるレブンアツモリソウだ。ぷっくりと膨らんだラン科の白い花で、開花は5月下旬から6月ごろとのこと。

元地灯台へは「北のカナリアパーク」という場所に車を置いて、そこから徒歩で30～40分ほど。私が訪れた8月はブヨが多かったので服装には虫刺され防止対策が必須。また灯台の周囲に草が覆い茂って膝上まで埋まるほどだった。草の海をかき分けて近づき、なんとか撮影したのがこの写真だ。

また駐車場のすぐ近くに奮部灯台もあるので併せて訪れたい。利尻富士をバックに雄大な景色を眺められるだろう。

航路標識番号
0523

所在地：北海道礼文郡礼文町香深村元地
アクセス：バス停「知床」徒歩40分
初点灯：明治29（1896）年6月1日

無料P（徒歩40分）

塔高:9.3m
灯質:Fl W 10s
灯器:LB-H40型灯器

北部には金田ノ岬灯台がある。10mほど高台に立っているが、斜面をよく見るとのぼっていけるルートが見つかるはずだ。この近くにはゴマフアザラシが生息しており、浅瀬で群れになって日向ぼっこをしている姿を見られるかも。

011

# 鴛泊灯台

北海道／おしどまりとうだい

## 灯台山に鎮座する白灯台

この灯台が立っているのは標高93mの大きな岩山。「ペシ岬」という名前で、アイヌ語で「大きな崖」が由来とのこと。地元の人々には灯台山とも呼ばれている。利尻島の玄関口である鴛泊港のすぐ横にあり、入出港するフェリーからもよく見える。

ペシ岬の登り口から灯台までは15~20分。途中で道は2つに分かれ、左側の急斜面の道は山頂に向かう。山頂からは360度のパノラマ絶景を楽しめ、灯台を見下ろすような眺めとなる。山頂を超えて灯台まで下っていくことも可能。右側のなだらかな道を行けば、直接灯台にたどり着く。かわいらしい雰囲気だが、北の海を見守る頼もしい存在だ。

利尻島は丸い形をしていて、車でぐるりと1周しても1時間ほどだ。鴛泊灯台は北に位置するが、東には背の高い石埼灯台、南には赤い灯ろう屋根（沿岸灯台なのに珍しい）の仙法志埼灯台、西には四角いシルエットの沓形岬灯台と、無等レンズを今でも使っている栄浜埼灯台があり、どの灯台も個性があって魅力的だ。灯台めぐりに格好の島だと感じた。さらに隣の礼文島まではフェリーで約40分。アイランドホッピングをして、

航路標識番号
0525

所在地：北海道利尻郡利尻富士町鴛泊
アクセス：鴛泊港から徒歩30分
初点灯：明治25（1892）年12月15日
初点プレートは11月

無料P（徒歩30分）

塔高:9.4m
灯質:Fl W 15s
灯器:LB-M30型灯器

恋する

2つの島の灯台を楽しむこともできる。
　島の中心には利尻富士こと利尻山が猛々しくそびえる。北海道銘菓「白い恋人」のパッケージに描かれている山だ。サイクリングや登山、キャンプなど自然を満喫できるアクティビティも充実。また味覚としてはウニと利尻昆布が有名。

012

# 石狩灯台

北海道／いしかりとうだい

## 北海道現存最古の灯台は石狩のシンボル

石狩川の内側に立っているが建設当時は河口に位置していた。上流から土砂が運ばれ地形が変わったのだ。まだ北海道に道路や鉄道が十分に整備されていない時代、川は輸送に重要な役割を果たしていた。海運で到着した物資を小型の船に積み替え、内陸部に運んでいたのだ。

現在の灯台は明治41（1908）年に建てられた2代目だが、北海道の現存最古の灯台である。明治期の鉄造灯台として歴史的価値も高い。

北海道に多い縞模様の灯台だが、赤の縞模様がつけられたのは石狩灯台が最初と言われる。きっかけは『喜びも悲しみも幾年月』という灯台守の人生を描いた映画を撮影する際、監督からの要望に海上保安庁が応えたもの。せっかくカラーの映画を撮るのだから、赤が映えるというわけ。無茶振りのようにも感

航路標識番号
0575

所在地：北海道石狩市浜町29
アクセス：バス停「石狩」徒歩20分
初点灯：明治25（1892）年1月1日

無料P

明治C

カード

塔高:14m
灯質:Fl W 20s
灯器:LB-M30型灯器

じるが、この色が海上からも視認性がいいと評判がよく、その後、赤白の縞模様の灯台が増えていった。

周囲は「はまなすの丘公園」として整備され、６月下旬から７月上旬は濃いピンク色に染まる。ビジターセンターには現在の灯台で昭和40（１９６５）年まで使われていたフランス製の第６等閃光レンズと、初代の灯台で使われていたとされる無等不動レンズが展示されている。この不動レンズは日和山灯台の倉庫に保管されていたもので、製造年や特徴から初代石狩灯台のものと推測。ここで光を放っていた姿を想像すると感慨深い。

# フレネルレンズと光

## フレネルレンズ

灯台の光を遠くまで届けるフレネルレンズは、フランス人物理学者であるオーギュスタン・ジャン・フレネルが発明しました。厚みのあるレンズの曲面部分を平面に置き換え、薄い形状を考案。表面がギザギザと階段状で、宝石のカッティングのように見えます。1823 年にフランスのコルドゥアン灯台に初めて導入され、その後は世界中で採用されました。

フレネルレンズの原理

## レンズの種類

大きく分けて２種類あります。「閃光レンズ」は、回転して光が点滅しているように見せます。「不動レンズ」は、回転せず電球を点消灯させるか、電球の周囲で遮蔽板を回転させ、光を遮ることで明滅しているように見せます。サイズは等級で分かれており、最も大きい第1等レンズは高さが 2.5 m以上もあります。

犬吠埼灯台の第１等閃光レンズ

禄剛埼灯台の第2等不動レンズ

## 灯質（光り方の周期）

灯台は、光だけでどこの灯台か識別できるように、光の周期がそれぞれ決められています。例えば神子元島灯台は「16 秒間に白い光が２回ピカっと光る」というように、色や回数などが決められているんです。灯質はアルファベットと数字で海図にも表記され、世界中の人が読み解けるようになっています。例えば神子元島灯台の灯質は、Fl (2) W 16 sと書きます。「Fl」は、ピカッと光る「フラッシュ」の略。そしてカッコの数字で回数、「W」は白を意味し、周期は 16 セカンドという訳です。右記の図を元に、各灯台の灯質を読み解いてください。

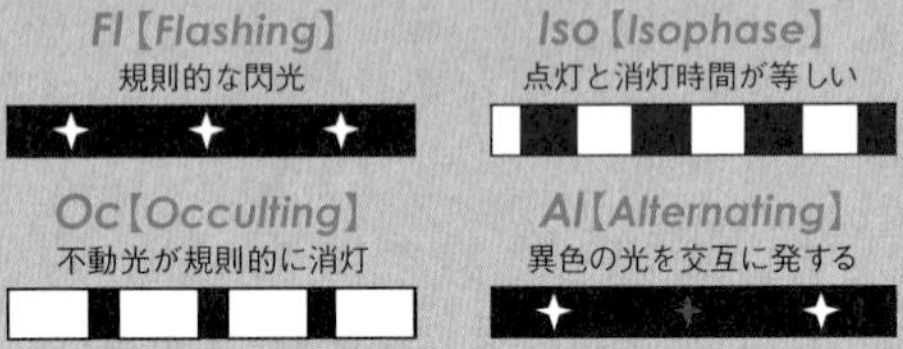


※本書に掲載した灯台の灯質を図解で表記しました。
実際には他にも種類があります。

013

北海道／ひよりやまとうだい

# 日和山灯台

## あるキャラクターに見えて親しみを感じる

タンクを背負ったような独特のシルエット。この円筒状の内部は「階段」だ。多くの灯台は螺旋階段なのでのぼる時に目が回るが、この階段は空間にゆとりがあり、コーナーを1回曲がるだけなのでのぼりやすい。普段は中に入れないので、ぜひ一般公開の日程に併せて訪れてほしい。また小樽海上保安部HPの「VRツアーコーナー」にアクセスすると、バーチャルで内部の見学が可能。1階の資料展示室や2階の小さな見晴台が見所だ。

外観を眺めていたらタイムボカンシリーズのキャラクター「ヤッターワン」に見えてきた。ビックリドッキリメカとして小さな灯台がワラワラ出てきたら可愛いな。

航路標識番号
0580

所在地：北海道小樽市祝津3丁目240
アクセス：バス停「おたる水族館」徒歩10分
初点灯：明治16（1883）年10月15日

無料P

塔高:10m
灯質:Fl W 8s
灯器:LB-M30型灯器

カード

014

# 神威岬灯台

北海道／かむいみさきとうだい

## 今は美しい景色を楽しめる岬。昔は……

この岬に女性が近づくと船が横転し、不漁に苛まれると江戸時代まで信じられていた。現在では誰でも訪れることができるが、岬の入り口で「女人禁制の地」と書かれた門が当時を物語る。季節によって開門時間が定められ、早朝と夕方以降、また悪天時は閉鎖されるので確認の上、天気のいい日を選んで訪れたい。

灯台の立つ先端部まで約770m。散策路から望むのは、草花に覆われた崖、そして「積丹《しゃこたん》ブルー」と称される海の色。景色を楽しんでいるとあっという間に到着する。そんな道の途中に「念仏トンネル」を示す案内板がある。崖下に視線を送ると洞窟のような穴が見えるが、これは灯台守のために村人が掘ったトンネルだ。昔は現在のような道がなかったため険しい山道か、崖下の波打ち際を通ってい

航路標識番号
0590

所在地：北海道積丹郡積丹町大字神岬町
アクセス：バス停「神威岬」徒歩20分
初点灯：明治21（1888）年8月25日

恋する
カード

無料P（徒歩20分）

塔高:12m
灯質:Fl W 15s
灯器:LB-M30型灯器

たが、海に突き出た岩場で幼い子を含む灯台守の家族が波にさらわれてしまった。村人たちは安全なルートを作るため、4年の歳月をかけて手掘りでトンネルを完成させたのだ。灯台守が村人から慕われ、感謝される存在だったことがよくわかる。

積丹半島には東の岬にも灯台がある。赤の縞模様が可愛らしい積丹出岬灯台だ。神威岬の駐車場から車で20分、その後徒歩で10分の場所にあるので、ぜひそちらも訪れてほしい。

ちなみに積丹半島はウニが有名。漁が解禁となる6～8月は生ウニ丼が食べられるのでオススメ。

015

# 鴎島灯台

北海道／かもめしまとうだい

## 灯台と一緒に夕日を眺めたい

上空から見たときの形を「翼を広げた鷗《かもめ》」に喩えて名付けられたといわれる鷗島。防波堤で繋がっているので歩いて渡ることができる。ぐるりと歩いて散策しても1時間程度の小さな島だが、江戸時代は北前船の交易地として賑わい、その歴史跡が至る所に残っていて見所が多い。

灯台は島の中央、やや北よりに立っている。周囲はキャンプもできる広い芝生で、どこに腰を下ろしても眺めがよく居心地がいい。現在の灯台は戦後に建て直された2代目だが、初点は明治中期。江戸時代の燈明臺を始めとすればその歴史はさらに長くなる。灯塔の外階段をのぼって展望台から夕日を眺めれば、灯台と一緒に夕焼けに染まることができる。

航路標識番号
0627

所在地：北海道檜山郡江差町字鴎島10
アクセス：バス停「鴎島入口」徒歩20分
初点灯：明治22（1889）年9月1日

無料P（徒歩6分）

恋する

カード

塔高:12m
灯質:Fl(3) W 13s
灯器:LU-M型灯器

# 東北の灯台

016

# 龍飛埼灯台

東北／青森県／たっぴさきとうだい

## 冬景色も夏景色も美しい

海の向こうは北海道。夜になれば対岸の白神岬灯台の光もよく見えるはずだ。演歌『津軽海峡冬景色』でも歌われ、灯台のすぐ近くには歌詞が刻まれた碑がある。曲も流れていたため、灯台を眺めている間ずっと口ずさんでしまった。私が訪れたのは7月上旬だったため冬景色は楽しめなかったが、灯台下の斜面に様々な草花が咲いていた。また紫陽花の名所でもあるので、見頃である7月下旬から8月に訪れるのもいいだろう。

またこの場所は青函トンネルの本州側の起点でもある。海底２４０ｍに掘られたトンネルは長さ約53・9㎞あり日本一のものだ。また開通当時は「龍飛海底駅」と呼ばれた駅があり、見学を目的として利用された。現在は「龍飛定点」と名前を変え、非常用の避難施設となっている。もし今でもこの駅に新幹線が停車してくれれば灯台を訪れやすくなるのに……。トンネルのことをもっとよく知りたければ「青函トンネル記念館」へ。

他にも近くに「階段国道」と呼ばれる車の通れない国道がある。もともと地元の人が港に降りるための道らしい。階段状の道なのに国道になっているのが珍しく、観光名所として堂々と看板がでていた。

航路標識番号
1501

所在地：青森県東津軽郡外ヶ浜町字三厩龍浜
アクセス：バス停「龍飛崎灯台」徒歩3分
初点灯：昭和7（1932）年7月1日

無料P

カード

塔高:14m
灯質:Fl（2）W 20s
灯器:第3等大型2面レンズ

017

# 尻屋埼灯台

東北／青森県／しりやさきとうだい

航路標識番号
1601

所在地：青森県下北郡東通村尻屋字尻屋崎1の1
アクセス：バス停「尻屋崎」すぐ（5月～10月）
初点灯：明治9（1876）年10月20日

のぼれる　恋する　明治A　カード　文化財

無料P

塔高:33m
灯質:Fl W 10s
灯器:第2等2面閃光レンズ

## 流れ星が飛んできた灯台

真っ白だが煉瓦造りである。明治時代、灯台建設技師としてスコットランドから来日したリチャード・ヘンリー・ブラントン設計の灯台だ。ブラントンは日本に約30基の灯台を建て「日本の灯台の父」と呼ばれる人物で、帰国後もその技術は継承されたため日本にはスコットランドの様式をもつ灯台が多い。具体的にはドーム型の灯ろう屋根、緩やかにテーパーした灯塔、扇形の付属舎などが特徴だ。またこの写真から見て裏側には、灯塔内部の螺旋階段に明かりをもたらすための窓が縦にまっすぐ並んでいる。

景色を見渡して東北らしい絶景とも感じるし、遠くヨーロッパの雰囲気も味わえるのは、この灯台の持ち味かもしれない。

尻屋崎の周囲には寒立馬《かんだちめ》と呼ばれる馬が放牧されている。四肢が太めでずんぐりした体型は、農用馬として人の暮らしを支え、寒さに耐えて

きた証のようだ。とても優しい顔をしている。

4月下旬～11月上旬の期間は灯台にのぼることができるが、岬の手前には馬たちを管理するためのゲートが設置してあり、夜間と雪深い時期は閉鎖される。訪問の際は時期と時間を確認してほしい。

灯台上部にはフレネルレンズが鎮座している。直径が2m以上もあるレンズで、夜になるとキラキラと輝きながら回転し、光の筋を夜空に放つ。想像してもらえるだろうか。本当に美しく雄大なのだ。

さらにロマンを感じる記録も残っている。なんと流れ星

（小さな隕石）が飛んできたというのだ。それは明治16（１８８３）年のこと。当時の官報によると、10月24日20時30分ごろ、空から火の玉が飛んできて、玻璃板《はりはん》（レンズの周りを取り囲むガラス）を突き破ったというのだ。宇宙からの訪問者。いや当時はロマンというより「あっぷね！　ぶつかったら大変じゃないか！」って灯台守は思ったかもしれないけれど……。

　世界広しと言えども、流れ星が飛び込んだのは尻屋埼灯台だけじゃないかと思う。他にも日本で初めて霧笛を設置したり、電化したりするなど「日本初」のタイトルを多くもつ灯台だ。

# 灯台風景印を集めよう

## 風景印とは

風景印って押してもらったことはありますか？ 消印に絵柄がついた特別バージョンです。全ての郵便局にあるわけではないのですが、多くの郵便局が地元の名所や名物を描いた風景印を作っています。そして中には灯台がデザインされたものも！ 灯台めぐりの時に灯台風景印も一緒に集めるのがとっても楽しいんです。

## 入手方法

押してもらうには、郵便局の窓口で「風景印でお願いします！」といって手渡すこと。ポストに入れると普通の消印が押されてしまいますので要注意。はがきや封書だけでなく、ハガキと同額の切手（現在は 63 円）を貼ったノートに押してもらうことも可能です。あくまで消印なので、切手を貼っておかないと押してもらえませんし、自分で押すこともできません。

## 風景印の絵柄を事前リサーチすべし

私は灯台めぐりの事前準備として、行く先にどんな風景印があるか調べておきます。灯台の絵柄だったら絶対に欲しい！ 絵柄の内容はインターネットでも情報を得られますが、全国の風景印がまとめられたカタログもあるので、風景印を集めようと思った方は入手することをお勧めします（これ、眺めているだけでもニヤニヤしちゃうやつです）。灯台仲間同士で送りあって、コレクションを増やしたり、自宅に宛てて、灯台めぐりの感想を臨場感たっぷりに残したり。自分で撮った灯台写真をコンビニでハガキにプリントして送るのもいいですね！

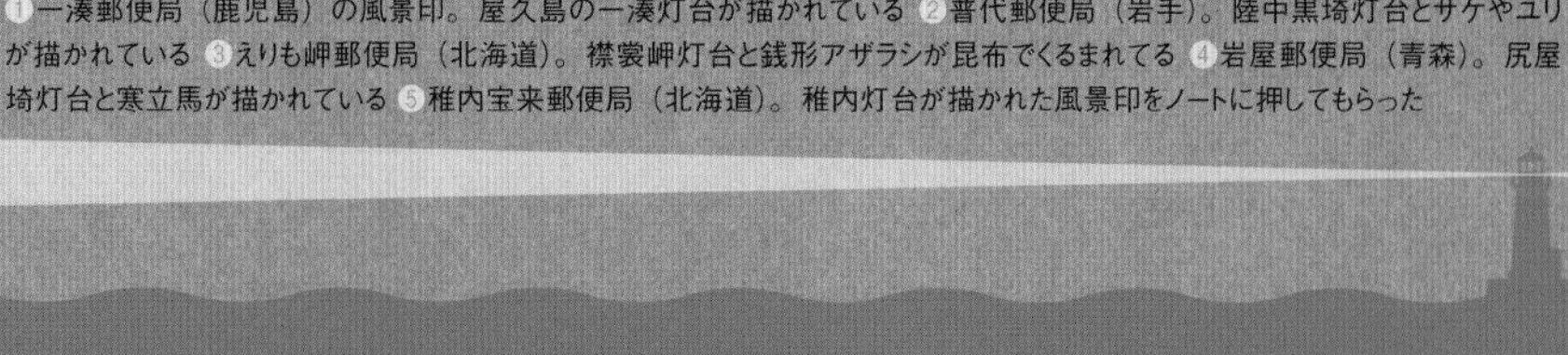


①一湊郵便局（鹿児島）の風景印。屋久島の一湊灯台が描かれている ②普代郵便局（岩手）。陸中黒埼灯台とサケやユリが描かれている ③えりも岬郵便局（北海道）。襟裳岬灯台と銭形アザラシが昆布でくるまれてる ④岩屋郵便局（青森）。尻屋埼灯台と寒立馬が描かれている ⑤稚内宝来郵便局（北海道）。稚内灯台が描かれた風景印をノートに押してもらった

018

# 鮫角灯台

東北／青森県／さめかどとうだい

## 八戸線の車窓からもよく見える

「鮫角」という荒々しい名前のイメージと相反し、優しくて誠実そうな灯台だ。後輩たちに「結婚するならこういう人がいいよ」とお節介な忠告をしたくなる。

この灯台は八戸港へ導くため昭和13（１９３８）年に建てられた。港の歴史を調べてみると、昭和10（１９３５）年に大連（中国）との航路が開設されたという記載をみつけた。港の発展に応じて建てられたのだろう。

鮫角灯台は、まさに昭和生まれという外観をしている。白くて（まぁ日本の灯台はほとんど白だが）、スラッとしたシンプルなデザインで（明治期は設計者の個性がでるし、大正期は角ばったシルエットをしている）、鉄筋コンクリート造だ。

期間を限定して見学が可能となるため、事前に確認してほしい。小さいながらも完備された展示室には初点当時から平成9（１９９７）年まで使われたフレネルレンズが展示され、踊り場からの見晴らしは、牧場の広々とした芝生、海岸線を走る電車と、想像を超える見応えだ。

航路標識番号
1625

所在地：青森県八戸市大字鮫町小舟渡平
アクセス：JR「鮫駅」徒歩30分
初点灯：昭和13（１９３８）年2月16日

無料P

塔高:23m
灯質:Fl W 8s
灯器:LB-M30型灯器

カード

鮫角灯台
海 上 保 安 庁
戸海上保安部

019

# 陸中黒埼灯台

東北／岩手県／りくちゅうくろさきとうだい

## 地元の発展のために建てられた灯台

いまでは皆無に等しい灯台の新設だが、戦後は物資輸送、地域の発展に必要不可欠な存在として、全国各地で灯台建設が求められた。とはいえ費用がかかるため国としても優先順位をつけざるを得ないのだが、ここ普代村《ふだいむら》では、当時の村長と組合長が必要性を直訴、その熱意が伝わり建設に至った。当時の名前は普代灯台。まさに「俺たちの灯台！」そんな地元愛を背負った灯台だ。

お土産は「すき昆布」がオススメ。昆布を細く切ってシート状に乾燥させているので、数分水に戻すだけで料理に使える。また、近くの鵜鳥神社《うのとりじんじゃ》は海上安全と縁結びの神様が祀られていて、おみくじの最上位は大吉を超える大大吉。

航路標識番号
1638

所在地：岩手県下閉伊郡普代村第2地割
アクセス：バス停「くろさき荘」徒歩3分
初点灯：昭和27（1952）年7月1日

無料P

恋する
カード

塔高:12m
灯質:Fl W 5s
灯器:LB-M30型灯器

020

東北／岩手県／とどがさきとうだい

# 魹ケ埼灯台

## トレッキング気分で本州最東端の灯台に到達！

「山道を1時間歩く」と聞くと身構えると思うので「灯台までトレッキングを楽しめる」と表現を変えよう。だいぶハードルが下がるのではなかろうか？　辛いのは最初の急斜面のみで、あとは緩やかな道がつづく。運動能力が低く、体力に自信がない私も無理なく歩くことができた。

　灯台の近くにはあずま屋とお手洗いがあるので、お弁当を持参して灯台を眺めながらピクニックも楽しめる。またここは本州で一番東に位置する。記念に「本州最東端訪問証明書」を発行してもらうのはどうだろう。宮古駅前総合観光案内所など複数の場所で、日付とナンバリングが記されたものを１００円で購入できる。

航路標識番号
1647

所在地：岩手県宮古市重茂 第9地割大平
アクセス：バス停「姉吉」徒歩1時間20分
初点灯：明治35（1902）年3月20日

無料P（徒歩1時間）

塔高:34m
灯質:Fl W 15s
灯器:第3等大型2面閃光レンズ

021

# 大須埼灯台

東北／宮城県／おおすさきとうだい

## 優しい気持ちに包まれる灯台

周囲は植栽され、椅子とテーブルまで備えられている。大切な人と過ごしてくださいと、優しい気持ちが伝わってきた。

初点プレートには、旧字体で昭和24（1949）年に初点灯し、わずか2年足らずで改築したことが刻印されている。おや？　そんな短期間に建て替える必要があったのだろうか？

問い合わせると宮城海上保安部の交通課長が丁寧に教えてくれた。昭和24年に点灯したのは灯柱（柱にランプを掲げた簡易的な標識）で、当時は町が管理していた。翌年、海保へ移管され、現在の灯台が建てられたのが昭和26（1951）年。なるほど。地元で灯した素朴な明かりに敬意を払い、初点としていることがわかった。

航路標識番号
1716

所在地：宮城県石巻市雄勝町大須147の2
アクセス：バス停「大須」徒歩8分
初点灯：昭和24（1949）年9月7日

無料P

恋する
カード

塔高:12m
灯質:Fl (2)W 6s
灯器:LED灯器

022

# 金華山灯台

東北／宮城県／きんかさんとうだい

## 苦難を乗り越え、希望の光を放つ灯台

石造りの重厚な灯台。灯塔が低いのは、海抜46ｍに建ち、光を遮るものもないからだろう。この光は北米航路の船を最初に迎える。太平洋を無事に横断し、日本に近づいたことを知らせる光だ。

訪れるには船の手配が必要で、上陸後は徒歩3時間を要する。震災で道が崩落したためだ。野生の猿やマムシの存在にも備えなくてはならない。危険が伴うため、現時点では単独で灯台を目指すことを勧めないが、明治に建てられ140年以上、戦争や震災にも耐え、今日も力強く光を放つこの灯台のことを知ってほしかった。

ちなみに、島自体が金華山《きんかさん》黄金山神社《こがねやまじんじゃ》という歴史ある神社の神域である。

航路標識番号
1728

所在地：宮城県石巻市鮎川浜金華山
アクセス：女川港から船で30分。上陸後は徒歩3時間
初点灯：明治9（1876）年11月1日

明治A
文化財

塔高:13m
灯質:Al Fl W R 20s
灯器:第2等2面閃光レンズ

023

# 塩屋埼灯台

東北／福島県／しおやさき とうだい

## 海を見守る白亜の王子

駐車場から石段をのぼっていく。ちょっと息が切れるが、のぼりきると凛とした灯台と目が合うはずだ。私は灯台をよく擬人化する。塔の形状や高さ、素材、立地などの要素から想像するのだが、塩屋埼灯台は私にとって白馬に乗った王子様だ。

切り立った崖の上でも臆することなく、私たちを守ってくれているような頼もしさを感じる。そして、「灯台の襟元」と書いて、私がどこの部分を指しているか理解してもらえるだろうか。バルコニーの重量を支える構造物（建築用語で「持ち送り」というらしい）のことで、ここが他の灯台と比べても装飾的で優美だと感じる。エリザベス1世のヒダ襟みたいだ。つまり、カッコいい。またこの灯台は暗弧《あんこ》がない。暗弧とは住居に迷惑をかけないよう陸側のガラスを不透明にして光を塞ぐ角度のこと。暗弧側から見ると背面のように感じるものだ

航路標識番号
1801

所在地：福島県いわき市平薄磯宿崎33
アクセス：バス停「灯台入口」徒歩15分
初点灯：明治32（1899）年12月15日

無料P（徒歩8分）

のぼれる

カード

塔高:27m
灯質:Fl W 15s
灯器:第3等大型2面閃光レンズ

が、これがないのでどこから見てもこちらを向いているように感じる。まるでモナリザ。

見学可能でのぼることができるほか、展示室で歴史を学ぶこともできる。現在の灯台は２代目でコンクリート造だが、初代の灯台は高さ35ｍを誇る日本最大の煉瓦造り灯台だった。昭和13（１９３８）年に発生した福島県東方沖地震で被災。崩れた煉瓦は今でも木々の中に眠っている。現在の灯台も東日本大震災で大きな被害を受けたが、９カ月後に復旧。周囲には防潮堤がつくられたが美しい砂浜も健在だ。

塩屋埼灯台は不屈の精神で蘇り、未来を灯す灯台なのだ。

024

# 入道埼灯台

東北／秋田県／にゅうどうさきとうだい

## ゆっくりと過ごしたい灯台

「おが潮風街道」を北に走っていると、遠くからでも白と黒の縞模様が見える。周囲に灯台を遮るものはなく、天気がよければとても爽やかな情景だ。ここ男鹿半島は、「なまはげ」の発祥地としても有名。鬼のような形相をしているが、災いを祓ってくれるありがたい神様だ。灯台に来るまでにも至る所で立像や看板として現れ、そのお陰か厄払いができたように身が軽くスッキリした。

灯台の近くにはお土産物屋さんや食堂が軒を連ねる。サザエの壺焼きの香りに誘われ食事をしていると、お店の翁《おきな》が思い出話を聞かせてくれた。現在の灯台は昭和26（1951）年に改築された2代目だが、初代の鉄造灯台についても記憶があると言っていた。また灯台守の子どもと同級生で、灯台の周りでよく遊んだという。話す時の表情が懐かしそうで、でも少し切なそうだったのは、灯台守の子どもたちがすぐに転校してしまったからだろう。灯台は立地により生活の過酷さに差が出る。公平を期すため、灯台守は2～3年で配置転換、つまり転勤があるのだ。

美しい夕日を眺めながら「あの子元気かな」と思い出を味わうのに絶好の場所だ。

航路標識番号
1414

所在地：秋田県男鹿市北浦入道崎昆布浦
アクセス：バス停「灯台入口」徒歩3分
初点灯：明治31（1898）年11月8日
（官報には11月20日と記載）

のぼれる
恋する
カード
無料P

塔高:28m
灯質:Fl W 15s
灯器:第3等大型2面閃光レンズ

025

# 鼠ケ関灯台

東北／山形県／ねずがせきとうだい

## 海上安全の祈りと灯台

鳥居は、神域と人間の世界を分ける結界として立てられるらしい。灯台が目的で訪れたのに鳥居をくぐるのはいかがなものか……。ふと後ろめたさを感じ、まずは祠にご挨拶をさせていただいた。こちらは金毘羅様の祠だ。つまり海上安全の神様なので灯台マニアの気持ちもご理解くださるだろう、と自己解決し海を眺めた。ここは弁天島と呼ばれる。現在は繋がっているが、昔は海水が隔てる小島だったらしい。島には同じく海運の神を祀る厳島神社もある。海にでる人々の安全を祈る場所だったのだろうか。ここに灯台が建てられてからおよそ１００年。灯台にも祈りが込められているように感じた。

平成28（２０１６）年に「恋する灯台」に選ばれたことから、近くのレストランでは灯台をモチーフにしたパフェをメニューに加えるなど、灯台の観光活用も盛んとなっている。また、アクティビティとしてシーカヤックに乗り、水面近くから眺めるのもいい。

航路標識番号
1363

所在地：山形県鶴岡市鼠ヶ関興屋41
アクセス：JR「鼠ケ関駅」徒歩10分
初点灯：大正14（1925）年4月1日

無料P

恋する

カード

塔高:14m
灯質:Fl (2) W 10s
灯器:LED灯器

# 選ばれし灯台

## 灯台の文化的価値

これまで灯台は「世界の灯台 100 選」や「日本の灯台 50 選」「明治期の保存灯台」など、様々な形で評価されてきました。近年では国の有形文化財に登録される灯台も増え、2020 年にはついに 4 基の現役灯台が国の重要文化財に指定されました。灯台を文化的な存在として認識する動きに、灯台ファンは少しほっとしています。灯台を「航路標識」という視点だけでとらえていると、GPS など航海機器の発達、今後の船舶自動運転化によって存在意義が低下してしまうからです。

## 「恋する灯台」

2016 年からは日本財団と日本ロマンチスト協会の共同事業として「恋する灯台プロジェクト」が始動し、2020 年現在 51 基の灯台が「恋する灯台」と認定されました。選ばれた灯台の街では、観光活用を図り地域活性に役立てています。こうした動きはとくに重要です。明治、大正に建てられた灯台はすでに 100 年以上も経過しています。今後こうした灯台を未来に残していくためには、保全のための費用を捻出できるだけの説得力が必要となり、灯台が多くの人から愛され、存続を求められることが必須だからです。

## 灯台で地域活性

「恋する灯台」では、デートで訪れたときに楽しめるアイデアを地元自治体が提案してくれています。海上から灯台を眺めるクルーズや、灯台の周りでのナイトマーケットといったイベントの企画、灯台をモチーフにしたメニューやお土産の開発など。こうした自治体の取り組みによって灯台の新たな魅力が発信されています。

## 選ばれてない灯台だっていい

もちろん、こうしたタイトルに選出されていない灯台もそれぞれに素敵です。自分の感性で「私の大好きな灯台」にどんどん認定していきましょう。港の小さな防波堤灯台が誰かのベスト1かもしれない。そう思うとほっこりとうれしくなります。

# 関東の灯台

026

関東／茨城県／ひたちとうだい

# 日立灯台

## 夜空に光を放つ和蠟燭

広い芝生。両手を広げてワーっと走り出したくなるような開放的な公園にある。設置してある遊具は灯台がモチーフ。人目がなければ童心に返って遊びたいところだ。車ですぐ近くまで行けるので、小さい子ども連れでも不安なく楽しめる灯台のひとつと言える。一般公開される機会も多く、特に夏の「日立港まつり」や、秋の「灯台記念日（11月1日）」の時期は情報をチェックしてほしい。

灯台は和蠟燭《わろうそく》をイメージしてデザインされたという。和蠟燭というと、江戸時代、外出用の提灯《ちょうちん》に入れて使う際、蠟が減っても光の高さが変わりにくいよう上の部分を太くしたらしい。まさにその姿を彷彿とさせる。

ちなみに光の強さを表す「光度」の単位は「カンデラ」という。そしてカンデラという単位はキャンドル（蠟燭）

航路標識番号
1833

所在地：茨城県日立市大みか町4丁目17（古房地公園《こぼうちこうえん》）
アクセス：JR「大甕駅《おおみか》」徒歩15分
初点灯：昭和42（1967）年3月31日

無料P

塔高:25m
灯質:Fl（3）W 25s
灯器:第3等大型3面閃光レンズ

カード

からきており、1カンデラは蠟燭1本分の光の強さに相当するという。この灯台の光度はというと……21万カンデラ。なんてことだ！ 夜になると21万本の蠟燭と同じ強さの光を発するということか！ とは言っても21万本の蠟燭ってうまく想像できないけれど……。

この灯台の光は、海上から見ると25秒の間にピカッと3回、短く光って見えるが、真下から見ていると3本の光の筋が夜空を旋回するようにみえる。これが灯台から後光《ごこう》が放たれているようで神々しい。また日が立ちのぼる場所として、初日の出のスポットとしても有名だ。

関東／千葉県／いぬぼうさきとうだい

027

# 犬吠埼灯台

## 灯台のあらゆることを体験できる

「初めて行くならどこがオススメ？」と、質問されることがある。相手が関東圏の方なら、犬吠埼灯台を勧める。何人かは「犬吠埼なら行ったことあるよ」と言うが、その時の印象を聞くと、「海が綺麗だった」なんて灯台マニアとしては寂しい返答。ちょっと待て。犬吠埼灯台は見所たっぷりなんだから、「灯台」に焦点を当てて改めて訪れてほしい。

明治7（1874）年にR・H・ブラントンの設計で建てられた煉瓦造り灯台で、現在もその姿を残す。塔の壁は二重となっており、外側と内側の煉瓦壁の間に空間がある。これは耐震、もしくは湿度対策を期待したものではないかと推測されているが、はっきりした記録は残っておらず興味を掻き立てる。「のぼれる灯台」なので内部の見学も可能。螺旋階段は九十九里浜にかけて99段あり、息が切れるがバルコニーからの眺めは最高だ。だがここで満足するのはまだ早い。

別棟の展示資料室には沖ノ島灯台で使われていた第1等レンズが展示してあ

航路標識番号
1869

所在地：千葉県銚子市犬吠埼9576
アクセス：銚子電鉄「犬吠駅」徒歩10分、バス停「犬吠」徒歩11分
初点灯：明治7（1874）年11月15日

重文
のぼれる
明治A
カード
文化財
無料P

塔高:31m
灯質:Fl W 15s
灯器:第1等4面閃光レンズ

る。間近で見られて迫力満点だ。続いて霧笛舎《むてきしゃ》へ。霧笛とは、光が霧で遮られるときに、代わりに大音量で位置を伝えていた「音の信号」だが、現在は使われていない。この霧笛舎は八幡製鉄所創業期の鋼板を使ったカマボコ型の建造物で建築学的に見ても貴重な歴史資料といわれている。屋根についているラッパが可愛い。内部には大音量発生装置が残っており、ボタンを押すと録音が再生される。まるでムォーンと「牛」が鳴いているような切なげな音。実際の音量ははるかに

大きく、窓ガラスがビリビリ震えるほどだったという。

敷地内を隅々まで味わったら、向かい側に並ぶお土産屋さんへ。一番近いお店は、灯台が建てられる前から茶屋として商いをしていたという。また平成30（2018）年にオープンした「犬吠テラステラス」は、カフェ、ベーカリーをはじめ、2階には銚子の名物を揃えたマーケット、そして海を一望できるハンモックベンチまである。

そうして日没時間まで過ごし、ぜひ点灯シーンを見てほしい。なんといっても日本に5基しかない第1等レンズの灯台なのだ。天候にもよるが、日没時間の前後、レンズが回転を始め輝き出す。その閃光の届く距離は35km以上にも達する。宝石が星になって宇宙に飛んで行くような美しさだ。

そして宿泊するか、公共交通機関で来るのがオススメ。だってラベルに灯台が描かれた「銚子エール」を飲みたくなるはずだから。

# R.H.ブラントン

## 灯台の父

R.H. ブラントン
銚子海上保安部所蔵

「日本の灯台の父」と称されるのは、スコットランド人土木技師であるリチャード・ヘンリー・ブラントンです。お雇い外国人として明治元（1868）年に来日し、8年間に約30基におよぶ灯台建設に従事しました。現在でも半分以上の灯台が現役で光を放っています。また灯台技術者を養成するための学校を開校するほか、港湾や都市計画でも功績を残しました。

## スコットランドとの連携

来日する前のブラントンは鉄道技師で、灯台の経験はありませんでしたが、日本での求人に応募で選ばれました。有名な灯台技師であるスティーブンソン兄弟から2カ月間の研修を受け、日本にやってきます。ブラントンはスティーブンソンに指示を仰ぎつつ設計していましたが、日本の気候風土を加味し、自らの独自性も打ち出しました。ブラントンの建てた灯台は、スコットランドの灯台と共通点を持ちつつも、日本に適応するように考えられています。

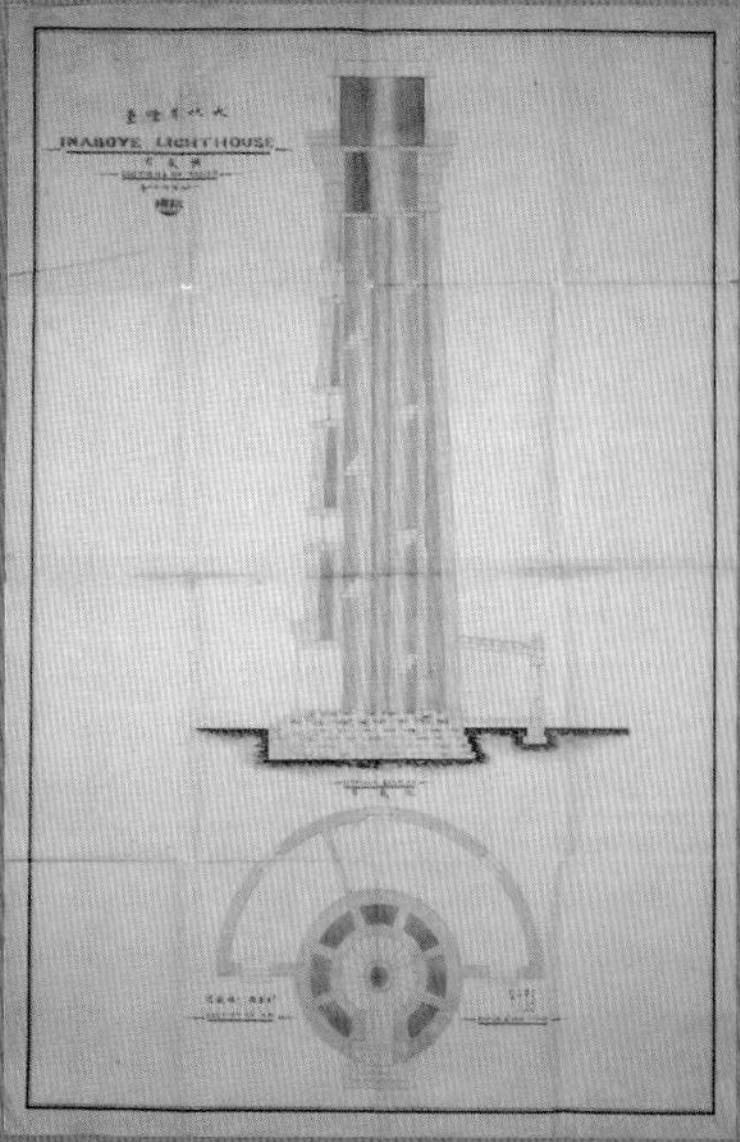


「犬吠埼灯台図」国立公文書館所蔵

## 明治期の灯台建設

ブラントン以外にも灯台建設に携わったお雇い外国人がいます。日本で最初の西洋式灯台を建てたF.L.ヴェルニーや、L.F.フロラン、そしてブラントンの後任となったJ.マクリッチなど。明治初期はこうしたお雇い外国人の協力なしに建設できませんでしたが、明治13（1880）年以降、彼らが帰国した後は、その技術を受け継ぎ、さらに発展させていった日本人の技師が灯台を建設していきました。

028

関東／千葉県／たいとうさきとうだい

# 太東埼灯台

## 心温まる灯台の町

九十九里浜の南端に位置し、海抜60mからの景色は、地球が丸いことを証明するような水平線と田園風景。ベンチが設置してあり、ゆっくりと過ごすことができる。

地元の市民団体「NPO太東埼燈台クラブ」によって、週末は野菜や名産品が直売され、その収入で灯台周辺の清掃や草刈り、花壇の整備が行われている。おかげでいつ行っても居心地がいい。

初日の出のスポットとしても有名な場所だが駐車場が少ないので、元旦ではなく普通の日の朝日を眺めてほしい。冬に訪れるとドラム缶ストーブにあたっていけと手招きで誘われる。灯台の町に住む人の優しさで、心が潤うこと間違いなしだ。

航路標識番号
1875

所在地：千葉県いすみ市岬町和泉字3508
アクセス：JR「太東駅」徒歩40分
初点灯：昭和25（1950）年11月10日

無料P

塔高:16m
灯質:Fl W 10s
灯器:LB-M30型灯器

恋する

029

# 勝浦灯台

関東／千葉県／かつうらとうだい

## ひな祭りに訪れたい

毎年3月、勝浦市が開催する「ビッグひな祭り」に合わせて、灯台が一般公開されるようになった。イベントのときは無料のシャトルバスも走る（事前に確認を）。

灯台にのぼると凛とした小型のレンズが間近に見える。そしてバルコニーからは足がすくむほどの迫力ある絶景。この灯台に限ったことではないが、灯台上部は風が強く、3月はまだ寒く感じるかもしれない。でもご心配なく。勝浦といえばラー油で真っ赤な「勝浦タンタンメン」。冬の海で身体を冷やした海女さんや漁師さんを温めるために誕生したといわれ、体温上昇間違いなし。辛いものが苦手じゃなければ、灯台の帰り道にぜひ。

航路標識番号
1884

所在地：千葉県勝浦市川津
アクセス：JR「勝浦駅」徒歩25分
初点灯：大正6（1917）年3月1日

無料P（徒歩15分）

塔高:21m
灯質:Fl (2) W 20s
灯器:第4等2面閃光レンズ

カード

030

# 野島埼灯台

関東／千葉県／のじまさきとうだい

## 房総半島の最重要灯台

野島崎で灯台の建設が始まったのは明治2（1869）年3月。これは日本で2番目に早い。太平洋と東京湾を結ぶ重要なポイントと考えられたのだろう。初代の灯台を建てたのはフランソワ・レオンス・ヴェルニーらフランス人技師団。お雇《やと》い外国人として来日し、横須賀製鉄所を建設したことでも有名だ。初代は煉瓦造りだったが、残念なことに関東大震災で倒壊した。だが初代の痕跡は現在の2代目灯台にも残されている。灯台に入ってすぐ、初代に掲げられていた初点プレートが設置されている。日本語とフランス語でそれぞれ刻印され、フランス人技師団が建設した証となっている。また使われていた煉瓦は資料展示室で見ることができる。

この灯台のレンズは大型で見応えがあるので、ぜひ点灯している姿も見てほしい。

近隣にはゴツゴツした岩場に立つ「安房白浜港灯台」や、「洲埼灯台」がある。車だとそれぞれ10分、30分の距離だが、サイクリングでめぐるのもオススメ。レンタサイクルもあるが、B.B.BASE《ビービーベース》は東京と房総半島を結ぶサイクリスト専用の電車で自転車用のラックが設置されており、愛車と一緒に同乗できると好評だ。外房や銚子のコースもあるので各地の灯台めぐりを楽しむことができる。

航路標識番号
1910

所在地：千葉県南房総市白浜町白浜630
アクセス：バス停「野島埼灯台口」徒歩10分
初点灯：明治2年12月21日（旧暦）
1870年1月22日（西暦）

のぼれる
カード
文化財

無料P（徒歩5分）

塔高:29m
灯質:Fl W R 15s
灯器:第2等2面閃光レンズ

関東／千葉県／すのさきとうだい

031

# 洲埼灯台

## 東京湾の入り口を示す赤い光

日の高い時間に訪れると、のどかで麗らかな灯台だ。芝生はそこまで広くないが（とは言っても女性アイドルグループがＰＶ撮影で踊れるだけのスペースはある）、ピクニックをするのに最適な場所。灯台のすぐ下には昔ながらの商店があり、名物は洲崎の天草《てんぐさ》を１００％使った手作りのところてん。店内でも食事ができるけど、持ち帰り用を灯台でいただくのもいいかもしれない。味は酢醤油と黒蜜の２種類がある。

日没後、灯台が点灯するとミステリアスな雰囲気に変わる。放たれる光が赤く、ゾクッとするほどだ。この洲埼灯台の赤い光、実は「ここが東京湾の入り口だ」と知らせてくれている。防波堤灯台や、ブイが両サイドで赤と緑の光を発しているのを見たことがないだろうか。この赤

航路標識番号
2003

所在地：千葉県館山市洲崎１０４３
アクセス：バス停「洲の崎灯台前」徒歩８分
初点灯：大正８（１９１９）年12月15日

有料P（徒歩5分）

カード
文化財

塔高:15m
灯質:Al Fl W R 30s
灯器:第4等2面閃光レンズ

と緑の間が、船の通り道として示されているのだ。
　では洲埼灯台の赤に対して、緑の光はどこにあるかというと、対岸の三浦半島で光る剱埼灯台だ。この光は洲埼灯台からもよく見えるので確認してほしい。

# 灯台キス写真を撮ろう

## 遠近法でおもしろ写真

世界の観光地で遠近法を利用したおもしろ写真が撮られています。例えば、ピサの斜塔を支えているような写真や、エッフェル塔をつまみ上げているような写真、自由の女神を手に載せているような写真などなど。

## キス写真!?

そこで私は、灯台に感謝と大好きの想いを伝えたい！と考え「キス写真」を撮るようになりました。撮り方のコツをお伝えしますので、ぜひ挑戦してください！

## 撮影のコツ

重要なのは、灯台と自分、カメラマンとの距離です。背の高い灯台はちょっと離れた場所から撮影しましょう。カメラは低い位置に構えてもらって、灯ろう部分と、自分の顔が同じ高さになるアングルを探してもらいます。

灯台にも自分にもピントを合わせるために絞り優先モードにします。そしてＦ値を大きくしてください。でもブレやすくなるので、撮影者もキスをする人もなるべく動かないように気をつけて！

## 恥ずかしさを乗り越えて

撮影している姿を他の人に見られるのはかなり恥ずかしいのですが、でもぜひそこを乗り越えて、楽しいキス写真を全国の灯台で撮ってみてくださいね！

〈コラム〉灯台を楽しもう！ 灯台楽のすすめ　その３

032

# 第2海堡灯台

関東／千葉県／だいにかいほとうだい

## 上陸が禁止されていた憧れの人工島、ついに解禁！

第二海堡は東京湾に浮かぶ人工島。老朽化を理由に上陸が禁止されていたが、平成31（２０１９）年から旅行会社の催行するツアーでのみ、一般旅行者の立ち入りが認められるようになった。島内はガイドが同行し、解説を聞きながらめぐることができる（自由行動は不可）。明治期に造られた首都防衛の海上要塞だ。歴史的な見所も多い。

現在の灯台はＦＲＰ（強化プラスチック）製の現代的なものだが、初代灯台の初点は古く、東京湾の真ん中に位置するこの島にとって、灯台がどれほど重要だったかうかがえる。ガラスの一部が赤いのは、この角度にあたる島の東方の浅瀬を示すため。赤い光となって注意を促すのだ。

航路標識番号
2016

所在地：千葉県富津市富津
アクセス：横須賀港から旅行会社の催行するツアー
初点灯：明治27（１８９４）年9月10日

塔高:12m
灯質:Fl W R 5s
灯器:第5等4面閃光レンズ

033

# サタドー岬灯台

関東／東京都／さたどーみさきとうだい

## 地球のエネルギーを感じる場所

三宅島へはフェリーで6時間。東京のオフィス街に隣接する竹芝桟橋から夜22時半に出航するので、金曜日の仕事を終えて旅に出ることも可能。軽い睡眠から目覚めると到着だ。サタドー岬は島の北東端。いわゆる駐車場はないが、停めておいても迷惑にならないスペースは十分にあった。灯台の脇には灯台守の官舎が今も残っている。ここで灯台を管理することは、火山爆発への恐怖と常に隣り合わせだったことだろう。灯台のすぐ傍まで危険が迫ったことを物語るように、焦げ茶色した溶岩石がゴツゴツと周囲を覆っていた。現在官舎は廃墟のようになっているが、多くの灯台ではこうした官舎がすでに取り壊され、思いを馳せることもできないので、残っているだけでありがたい。

この灯台は以前、風力発電で点灯していたようだ。昭和35（1960）年に発電装置は撤去されたようだ

航路標識番号
3214

所在地：東京都三宅村坪田
アクセス：バス停「御子敷」徒歩5分
初点灯：昭和29（1954）年11月1日

塔高:14m
灯質:Fl W 15s
灯器:LB-M30型灯器

が、その台座部分が現在も残っていて見晴台のようになっている。眺望は最高だ。灯台の背景は今も活動を続ける雄山《おやま》の雄大な山脈、振り返れば大海原。イルカやクジラも現れるらしい。

　カタカナでサタドーとは変わった名前だ。一説ではヒンズー語で「地獄」を意味するらしいが、インターネットの翻訳機能で地獄は「サタドー」ではなく「ナラク」とでた。なんでだろ。ご無沙汰のサタからきているという説もあり。

034

# 伊豆岬灯台

関東／東京都／いずみさきとうだい

## 伊豆諸島の三宅島に建つ歴史的灯台

伊豆諸島で最初に建てられた石造りの歴史的灯台だ。建設費用は島の人の寄付によって集められたという。灯台の名称は時代によって変遷があり、伊豆半島や富士山が見えることから、当初は「伊豆見崎灯台」と名付けられた。昭和24（１９４９）年から海上保安庁に移管され、一時的に「三宅島灯台」に名称を変えたのち、現在の「伊豆岬灯台」となる。

灯台のすぐ脇にベンチが置かれている。ここで考え事をしたり、のんびり本を読んだりしたら良さそうだなぁと思ったが、私が訪れた時はものすごく風が強くて、吹き飛ばされそうなほどだった。

駐車場ではないが、車を停めておけるスペースはある。

航路標識番号
3213

所在地：東京都三宅島三宅村伊豆
アクセス：バス停「伊豆岬入口」徒歩10分
初点灯：明治42（１９０９）年6月10日

塔高:10m
灯質:Fl W 5s
灯器:第5等
不動レンズ

明治D

035

# 八丈島灯台

関東／東京都／はちじょうしまとうだい

## 東京の楽園灯台

東京から飛行機なら1時間、船なら10時間の伊豆七島最南端に位置する八丈島。ソテツやハイビスカスなど南国ムードたっぷりだ。

八丈島灯台は島の東側、港や飛行場のある中心部から車で30分ほどの場所にある。車を停められるスペースがないので、歩いて6分ほどの末吉公民館の駐車場を利用しよう。

灯台を楽しんだ後は近くの温泉施設に立ち寄るのもオススメ。海を一望できると評判だ。

島の反対側には大越鼻灯台がある。八丈島灯台の10年あとに点灯した灯台だ。夏場はかなり藪が茂っているので無理せず大越鼻園地の展望台から眺めるのがいいと思う。

航路標識番号
3222

所在地：東京都八丈島八丈町末吉689
アクセス：バス停「末吉温泉前」徒歩7分
初点灯：昭和26（1951）年6月10日

塔高:17m
灯質:Fl W 10s
灯器:第3等大型2面閃光レンズ

カード

036

# 横浜北水堤灯台

関東／神奈川県／よこはまきたすいていとうだい

## 横浜港を見守ってきた重鎮

横浜港の重鎮。日本で現役最古の防波堤灯台である。陸と繋がっておらず、昔は灯台守が船で渡り、交代で泊まり込んで業務を行っていた。横浜港クルーズで船上から眺めることができるほか、大桟橋や赤レンガパークからも1kmちょっと先に見える。

「防波堤灯台ということは、相棒の白灯台もあるの？」とお考えのあなた！　その通り。双子のようにそっくりな東水堤灯台は、昭和33（１９５８）年、イギリスの豪華客船カロニア号に衝突されて倒壊。翌年、製作し直され復旧したが、４年後、山下埠頭の建設に伴い防波堤自体が撤去され、現在は山下公園の「日本郵船氷川丸（見学できる博物館船）」の隣に移設保存されている。

航路標識番号
2121

所在地：神奈川県京浜港横浜区（北水堤外端）
アクセス：横浜港クルーズで船上から眺められる
初点灯：明治29（１８９６）年5月16日

塔高:15m
灯質:Iso R 4s
灯器:LED灯器

明治B

# 赤と白の兄弟灯台

## 防波堤灯台

防波堤に立つ赤と白の灯台は、防波堤の端を知らせ、港への出入りを安全に導く役割を担っています。２つの灯台が狛犬のように対になっていることが多く、入港するときは左側に白、右側に赤の灯台の間を通ります。そっくりで色違いの灯台は兄弟のようです。

## 光の色の意味

夜になると、赤灯台は赤く光りますが、白灯台は緑の光を発します。ぷかぷか浮かぶ灯浮標（ブイ）も同じく、赤と緑の光で通り道を示しています。そして船にも電灯が付いています。左に赤、右に緑、後ろに白。暗い海上でも前方の船が、遠ざかっているのか、向かってきているのか、光の色で進行方向がわかります。

## 世界の防波堤灯台

こうした防波堤灯台は世界中の港に立っています。役割は日本と変わりませんが、赤と緑の光の色の左右が逆になる国も。ヨーロッパ、中国、アフリカは、日本やアメリカと逆です。防波堤灯台は岸から見ると小さく見えますが、塔高 10 ～ 12 mのものが多く、近くから見上げると意外と大きいと感じます。近くでのんびり釣りを楽しむ人が多いのは万国共通みたいです。

037

# 観音埼灯台

関東／神奈川県／かんのんさきとうだい

## 日本で初めての灯台が建てられた場所

日本初の「西洋式灯台」が建てられたのがここ観音崎。着工は明治元（１８６８）年のことだ。改めて西洋式灯台と書いたが、この本で紹介している、いわゆる「灯台」のことを指す。対して日本式の灯台は「燈明堂《とうみょうどう》」や「燈明臺《だい》」「常夜燈《じょうやとう》」と呼ばれ、江戸時代に全国に存在した。ペリー率いる海軍艦隊が浦賀にやってきたときも、浦賀燈明堂を見たはずである。しかし日本式の灯台は光が弱く、大海原をやってくる海外の船を導くことはできない。そこで列強国と締結させられた条約に西洋式灯台の建設が盛り込まれ、優先順位の高い場所から建てられることになった。

初代の観音埼灯台はＦ．Ｌ．ヴェルニーらフランス人技師によって設計されたが浦賀水道地震で倒壊。２代目は鉄筋コンクリートで建てられたが、完成後半年で関東大震災が起こり傾斜。震災後で混乱していたのか、撤去されず、下の浜辺に落下した状態で今も残っている（下の写真。浜では初代灯台の煉瓦片が見つかることも）。現役の灯台は大正14（１９２５）年に建てられた3代目だ。

航路標識番号
2030

所在地：神奈川県横須賀市鴨居4丁目1187
アクセス：バス停「観音崎」徒歩10分
初点灯：明治2年1月1日（旧暦）
1869年2月11日（西暦）

有料P（徒歩10分）

のぼれる

カード

塔高:19m
灯質:Fl (2) W 15s
灯器:第4等4面閃光レンズ

灯台150

038

# 海獺島灯台

関東／神奈川県／あしかしまとうだい

## 昔はアシカがいた島の灯台

東京湾の小さな小さな無人島の灯台である。島というか岩？　と思うかもしれないが、「自然に形成された陸地で、水に囲まれ高潮時《こうちょうじ》においても水面上にある」という定義に即した立派な島だ。写真で灯台の背後に見えているのは、「海象観測ステーション」で、気象や波の高さなどを観測する施設だ。この角度だと同じ島のように見えるが海が隔てたもうひとつの島に建っている。

昔はニホンアシカがいたことでこの名前になったのだが、パソコンで「あしか」と入力すると「海驢」という字に変換されて、この島の表記である「海獺」が出てこない。ところが「らっこ」と入力すると「海獺」に変換できた。あれ？「らっこじま」だったっけ？　と首をひねり調べてみると、以前はア

航路標識番号
2019

所在地：神奈川県横須賀市
アクセス：東京湾フェリーの船上から眺められる
初点灯：大正5（1916）年8月24日

塔高:14m
灯質:Fl W 3s
灯器:LED灯器

シカのことをウミウソと呼び、「海獺」という字を書いていたようだ。さらに三陸以北では「トド」と呼んでいたという記述も見つけた。ということは宮城県の魹ヶ埼灯台にもアシカがいたのかな。ニホンアシカは環境変化や乱獲で数を減らし、現在絶滅したと考えられる一方、時折ニュースともなる目撃情報に一縷の希望を見出しているようだ。

久里浜港からも２km ほど沖に見えるが、東京湾を横断するフェリー（久里浜と金谷を結ぶ）からもよく見える。昔はアシカがいたのかぁと想像しながら眺めて見たい。

039

# 劔埼灯台

関東／神奈川県／つるぎさきとうだい

## レンズファンに絶大な人気を誇る

千葉県の洲埼灯台と共に東京湾の入り口を示す灯台。灯質は、洲埼灯台が赤と白の光を交互に出すのに対し、30秒間に白い光を2回、緑の光を1回閃光させる。

灯台ファンは、それぞれ灯台のどこに惹かれているかで分類することができる。鉄道ファンに「撮り鉄」や「乗り鉄」などがあるのと同じだ。灯台の場合は、めぐることを第一の目的としている「灯台お遍路」や、ある一部に着目して愛好する「灯台○○フェチ」がいる。その中で劔埼灯台は「レンズフェチ」に絶大な人気を誇る灯台だ。

理由は、塔が低く、下から見上げた時にレンズを鑑賞しやすいから。そしてレンズの表情も豊かだ。白い光を2回点滅させるために、小振りなレンズが2面並んでいる側と、緑の光を1回点滅させる大きな1面の側がある。この面は緑のフィルターを電球との間に挟むため（下の写真）、光が少し弱まる。その分大きなレンズとなっているのだ。

航路標識番号
2018

所在地：神奈川県三浦市南下浦町松輪47
アクセス：バス停「剣崎《つるぎざき》」徒歩20分
初点灯：明治4年1月11日（旧暦）1871年3月1日（西暦）

有料P（徒歩5分）

塔高:17m
灯質:Al Fl（2+1）W G 30s
灯器:第2等3面閃光レンズ

カード

040

# 城ヶ島灯台

関東／神奈川県／じょうがしまとうだい

## 賑わう島を優しく照らす

都内からアクセスがよく、週末には観光客で賑わう城ケ島。人々のお目当ては市場周辺で食べられるマグロだと思うが、灯台からの夕日は素晴らしく、行き道の土産物店もノスタルジックな雰囲気だ。

　城ケ島灯台は日本で最初期に建設された灯台のうちのひとつ。観音埼灯台、野島埼灯台を設計したフランス人技師団の手による。これら3基の灯台は地震で倒壊し建て直され、現在の城ケ島灯台は2代目だ。ちなみにフランス人技師による灯台は全4基あり、品川灯台だけは現存し、「博物館明治村」に重要文化財として移築展示してある。

　また島の東側には「大根」をイメージしてデザインされた安房埼灯台がある。

航路標識番号
2407

所在地：神奈川県三浦市三崎町城ヶ島長津呂埼
アクセス：バス停「城ヶ島」徒歩5分
初点灯：明治3年8月13日（旧暦）
1870年9月8日（西暦）

有料P（徒歩5分）

恋する
カード

塔高:12m
灯質:Fl W 15s
灯器:第4等2面
閃光レンズ

041

# 湘南港灯台

関東／神奈川県／しょうなんこうとうだい

## ヨットハーバーを見つめるクールな灯台

昭和39（1964）年の東京オリンピックの年、ヨットレース会場のシンボルとしてデザインされた灯台。ヨットの帆をイメージしたという三角形の屋根がスタイリッシュだ。鉄造のため所々サビが出てしまっているが、灯台ファンとしては、そこも渋みと捉えて惹かれてしまう。周囲はウッドデッキが敷かれ、散歩や釣りを楽しむ人も多い。

青空の下でも映える灯台だが、特にオススメの時間帯は夕方だ。空がピンク色に染まるころ、灯台が緑の光を点灯させる。なんとも切なげでキュンとする情景なのだ。そして振り返れば江ノ島灯台も光を旋回させているだろう。

航路標識番号
2417

所在地：神奈川県藤沢市江の島1丁目12の3
アクセス：小田急「片瀬江ノ島駅」徒歩20分
初点灯：昭和39（1964）年9月26日

有料P

塔高:18m
灯質:Iso G 4s
灯器:LED灯器

042

# 諸磯埼灯台

関東／神奈川県／もろいそさきとうだい

## スタイル抜群スレンダー灯台

スレンダーな灯台である。中はどうなっているのだろうか。こんな風に気になった時は「灯台ＯＮＥタップビュー」で確認してみよう。灯台内部をパノラマ画像で楽しめるサイトだ。さらにＶＲゴーグルを持っていたらその場にいるような臨場感が味わえる。海上保安庁第三管区が公開しているので、茨城、千葉、東京、神奈川、静岡の灯台を対象としている。

と、いうことでサイトを見てみると、内部には直角に梯子が設置されていた。目測だが14～15ｍはあるだろう。海上保安官になるには高所恐怖症を克服しなくてはならないようだ。

海岸近くは駐車禁止となっているので、民宿でぐち荘の有料駐車場を利用するといいだろう。

航路標識番号
2412

所在地：神奈川県三浦市三崎町諸磯
アクセス：バス停「浜諸磯」徒歩10分
初点灯：昭和44（1969）年4月14日
初点プレートは3月

有料P（徒歩10分）

塔高:20m
灯質:Iso W 8s
灯器:LED灯器

# 中部の灯台

043

# 粟島灯台

中部／新潟県／あわしまとうだい

## 魅力溢れる小さな島のてっぺんに建つ灯台

新潟県の岩船港から高速船で約1時間。周囲23kmの小さな島だがバードウォッチングや釣り、キャンプなどアクティビティが多種に渡り、一度来るとファンになる人が多い。またカーフェリー、レンタカーはなく、信号もひとつだけ。小学校の前に設置された教育用のものだ。つまり車はあまり通らず、自転車かコミュニティバスを使ってのんびり過ごせる島なのだ。

島中央にそびえる小柴山《こしばやま》の頂上に粟島灯台は立っている。バス停からは徒歩約20分の山登りだが、階段が組まれ、歩きやすい道なので自分のペースを守れば疲労を感じることもないだろう。山道にはウドやノビルなどの山菜や、花々が自生する。

さて話は変わるが、誕生日が自分と同じ著名人について調べたことはあるだろうか。同じと知ると親近感が湧くものだが、灯台でも同じ。灯台

航路標識番号
1361

所在地：新潟県岩船郡粟島浦村内浦
アクセス：バス停「灯台入口」徒歩18分
初点灯：昭和29（1954）年4月23日

塔高:11m
灯質:Fl W 10s
灯器:LB-M60型灯器

の誕生日は「初点日《しょてんび》」と言って、初めて点灯をした日のことを指す。そして粟島灯台は私と同じなのだ。このことで特に想いが強いというのはあるが、それを差し引いてもこの島の魅力は力説すべきに値すると思っている。

　粟島の名物は、わっぱ煮。旬の磯魚をたくさん入れた味噌汁に、熱した石を投入、その途端、ジョワーっと湯気を出しながらグラグラと沸き立つ。目と耳からもエネルギーをもらえる一品。また「漁火温泉おと姫の湯」では、防波堤灯台を眺めながら温泉に浸かることができる。

# 現代の灯台守！ 海上保安庁

## 灯台の維持管理

海上保安庁というと、映画やニュースで見るような、海上の救難救護、国境付近の警備が思い浮かびますが、灯台をはじめとする航路標識の保守、維持管理も海上保安庁が担っています。日本列島を 11 の管区本部に分け、各海域の海上保安部が灯台を管轄しています。

現在、灯台は無人となり、照度によって自動的に点消灯しますが、故障などの緊急時は、遠隔監視によって確認され、職員の方が駆けつけて復旧作業を行います。

## 灯台理解の促進

海上交通安全思想の普及を目的に、灯台の役割や文化価値を広める取り組みも行なっています。「一般公開」では、詳しい解説を聞きながら見学ができます。制服や制帽を貸してもらって記念写真を撮らせてもらうことも。灯台記念日である11月1日前後の週末に設定されることが多いですが、それ以外に地元のお祭りの日や、海の日、連休などにも企画されます。こういったイベントの情報は「灯台ノボリ」というウェブサイトにアップされる他、海上保安庁友の会に入会し、海上保安新聞を購読することでも得られます。中に入って見たい灯台が具体的にあったら、管轄する海上保安部ホームページをこまめにチェックするといいでしょう。

## 灯台カード

灯台の門や入り口付近に掲げられた二次元バーコード。これを読み込むと「灯台カード」をダウンロードすることができます。2018 年の灯台 100 周年に合わせ、150 基の灯台が選出されカード化されました。全国の灯台をめぐってコンプリートしたいですね！

海の安全を守るという大変なお仕事の中、私たちが灯台を楽しめる工夫をしてくださって、いつもありがとうございます！

044

# 弾埼灯台

中部／新潟県／はじきさきとうだい

## 灯台めぐりをいざなう島

佐渡島は灯台めぐりをするのにうってつけの島だ。沿岸灯台だけでも10基も存在し見応えがある上、島をぐるりと一周しても281km。1～2泊でめぐることができる。

弾埼灯台は島の北東部に位置し、灯台守の人生を描いた映画『喜びも悲しみも幾年月』の舞台としても有名だ。この銅像はまさに灯台守夫婦。同じポーズで写真を撮る人も多い。また、この灯台から程近い大野亀という場所はトビシマカンゾウの群生地。オレンジ色が鮮やかなこの花は、佐渡島と山形県の飛島でのみ楽しむことができる。たしか、南西部に位置する沢崎鼻灯台の近くでも咲いていた。花も楽しみたいのであれば5～6月がオススメ。

航路標識番号
1330

所在地：新潟県佐渡市鷲崎
アクセス：バス停「藻浦入口」徒歩5分
初点灯：大正8（1919）年12月1日

塔高:19m
灯質:Fl（3）W 30s
灯器:第4等3面閃光レンズ

カード

045

# 姫埼灯台

中部／新潟県／ひめさきとうだい

## 佐渡の玄関口に建つ歴史的鉄造灯台

日本に現存する最古の現役鉄造灯台であり、「世界灯台100選」にも選ばれている。櫓型《やぐらがた》六角形のシルエットが特徴的だ。中腹部が細い筒状となっているが、この内部は1層目と2層目を繋ぐ螺旋階段である。通常は中に入ることはできないが、一般公開の際に見学したところ、内装の板張りに職人技が光っていた。板の素地を見せず、高価な木材を演出するために、手書きで木目模様が描かれているのだ。この技法は横浜北水堤灯台や禄剛埼灯台など、やはり明治期灯台の内装でも見ることができる。

灯台の向かいには元官舎（灯台守が住んでいた場所）が残っており、現在は灯台資料館として、レンズや電球などの資料が展示してあった。

新潟を出航した船は、佐渡の玄関口である両津港へ入る際、左側にこの灯台を見る。ただし見逃さないでほしいのは姫埼灯台だけではない。続いて右側に両津港北防波堤灯台が見える。いわゆる赤い防波堤灯台かと思いきや、「おけさ灯台」と看板をつけ、佐渡おけさの笠を被っている。こうした灯台は「デザイン灯台」と呼ばれ、地元の風土や名産をアピールする役割を担っている。高速船の場合はあっという間に通り過ぎるので集中して待ち構えておくこと。

航路標識番号
1336

所在地：新潟県佐渡市両津大川
アクセス：バス停「野城」徒歩15分
初点灯：明治28（1895）年12月10日

明治A
カード

塔高:14m
灯質:Fl W 6s
灯器:LB-M30型灯器

046

# 角田岬灯台

中部／新潟県／かくだみさきとうだい

## 夏の思い出を演出する灯台

灯台までは駐車場から石段をのぼっていく。ここからの眺望もいいが、さらにのぼっていくと灯台越しの水平線が素晴らしい。晴れた日は佐渡島が見え、夕日の鑑賞スポットとしても名高い。

隣の角田浜海水浴場は、「灯台が見えるビーチ」というのがウリ。夏場は家族連れで賑わう場所だ。ここで近年行われた話題のイベントがある。灯台からの流しそうめんだ。地元小学生の発案を実現させたもので、灯台から高低差40mを利用して砂浜に待つ人々へそうめんが勢いよく流れていく。たまに現れるプチトマトやサクランボにも歓声があがる。いやぁ楽しそう！　こうした取り組みは、角田岬灯台が「恋する灯台」に認定されたことで活発化している。

航路標識番号
**1312**

所在地：新潟県新潟市西蒲区角田浜
アクセス：バス停「角田海水浴場」徒歩10分
初点灯：昭和34（1959）年11月15日

無料P

恋する
カード

塔高:13m
灯質:Fl W 8s
灯器:LB-M30型灯器

047

# 爪木埼灯台

中部／静岡県／つめきさきとうだい

## 冬は水仙の香り漂う灯台

爪木崎といえば、３００万本の水仙が一面に咲くことで有名だ。毎年12月20日から1月中は「水仙まつり」を開催し、開花状況は伊豆下田観光協会のサイトで知ることができる。水仙の咲くころは、灯台も大きな水仙のように見えてくる。

周囲は公園として整備されており、灯台の西側の海岸を遊歩道に沿っていくと柱状節理《ちゅうじょうせつり》という面白い形をした岩石を見ることもできる。ジオパークの看板もあるので知的好奇心を満足させるピクニックができるだろう。

写真に写る島影は利島。天候によっては伊豆七島の島々が見えるという。

航路標識番号
2441

所在地：静岡県下田市須崎
アクセス：バス停「爪木崎」徒歩7分
初点灯：昭和12（1937）年4月1日

有料P（徒歩7分）

塔高:17m
灯質:Fl W 4s
灯器:LED灯器

恋する

中部／静岡県／いろうさきとうだい

048

# 石廊埼灯台

## 江戸時代から必要とされた光

現在の灯台は2代目で昭和8（1933）年に建てられたものだが、初代の灯台はR・H・ブラントンが設計したケヤキ材の木造八角形の灯台だった。さらに時代を遡ると江戸時代から同じ場所に燈明堂が建っていたことがわかる。長津呂村湊明堂《ながつろむらみなとあかしどう》と呼ばれ、村から灯火の番人を決め、毎晩欠かさず火を灯していたという。

この場所から沖に神子元島が見える。写真の左側に写る島影のことだが、目を凝らせば黒白縞模様の灯台も見えるのではないだろうか。この神子元島灯台が建てられたのは明治3（1870）年。観音埼灯台をはじめとし、列強国との条約によって最初期に建てられた灯台のひとつだ。この神子元島に明かりが灯るようになると、光を誤認しやすいので湊明堂を廃止してほしいと外国籍の船舶から要望が寄せられた。しかし湊明堂は日本の船にとって重要な目印である。協議の結果、湊明堂を西洋式灯台に建て替え、光の色を赤にすることで、区別できるようにした。

航路標識番号
2448

所在地：静岡県賀茂郡南伊豆町石廊崎125
アクセス：バス停「石廊崎オーシャンパーク」徒歩6分
初点灯：明治4年8月21日（旧暦）
1871年10月5日（西暦）

無料P（徒歩6分）

カード

塔高:11m
灯質:Al Fl W R 16s
灯器:LB-M30型灯器

周囲はオーシャンパークとして整備され、広い駐車場と、食事ができるビジターセンターがある。これまで灯台の敷地は柵で区切られており、近寄ることができなかったが、4月以降は9時〜16時半まで、10月以降は9時〜15時半まで敷地の門が開場されるようになった。灯台内部を見学したい場合は灯台記念日（11月1日）に関連して行われる一般公開を狙うといい。岬のさらに突端には石室神社がある。崖の岩の間で宙に浮いているようで神秘的だ。社殿は千石船の帆柱を基礎とし、古くから海上安全が祈願される。

049

# 神子元島灯台

中部／静岡県／みこもとしまとうだい

## 日本最古の現役灯台

日本最古の現役灯台が立っているのは下田港から南へ約10㎞の無人島。この灯台が初めて点灯した日は、明治政府の要人である木戸孝允、大久保利通もここにきて見届けたという。

下田から伊豆石を運んで建造されており、R.H.ブラントンが手がけた灯台の中で、建設がもっとも困難で、かつ重要な灯台だったことが報告として残っている。第二次世界大戦では、アメリカ軍からの攻撃で塔に穴があくほどの被害を受けたが、修復され建設当時とほぼ変わらない姿で現在に至る。唯一違う点は、明治16（１８８３）年から白黒の縞模様となったこと。こうした縞模様の灯台は、積雪の多い北海道や東北地方でよく見るが、灯台の周囲に何もない離島でもその必要がある。灯台の背景が空となり、曇天の白い空に馴染んで見えにくくなるためだ。

島へ渡るには、釣りを目的とする渡船に同乗させて

航路標識番号
**2447**

所在地：静岡県下田市神子元島
アクセス：下田港から船で35分
初点灯：明治3年11月11日（旧暦）
1871年1月1日（西暦）

塔高:23m
灯質:Fl（2）W 16s
灯器:第3等大型2面閃光レンズ

明治A

もらうか、船をチャーターするか。私は灯台ファン同士で割り勘し、チャーターした。条件によって価格は変わると思うが、10名以上集まれば、1人の負担額は1万円ほどになるのでチャーターの方がいいと思う。島にはお手洗いはもちろん、自動販売機などもまったくない。足場はそこまで悪くはないが、観光用に整っているわけではないので充分な準備をしてほしい。

　また灯台のすぐ近くにあるのは「お澄の碑」。江戸時代から語り継がれる悲話に心を寄せるのもいいだろう。

# 明治期の現役灯台

年号が令和に変わり新鮮な響きを感じつつも、最近は西暦で表記することのほうが多くなりました。世界史と紐付けたり、何年前の出来事なのか計算したりする時は西暦の方が便利ですが、和暦は明治、大正、昭和、平成と当時の様子をイメージできるという利点があると思います。

明治は西洋の近代文化が流入し、日本が激変した時代。西洋の建築技術を取り入れ、期待と情熱を注ぎ建てられたのが明治期灯台です。この45年間の間に建てられ、いまだ現役の灯台は65基あります。いずれも100から150年の歴史を持ち、近代遺産としても価値のある灯台たちです。

神子元島灯台

## 歴史的・文化的な価値の評価

平成13（2001）年に明治期灯台の調査が行われ、歴史、文化的な評価でA～Dの4段階にランクづけされました（調査された灯台は当時66基ありましたが、その後2基取り壊されました。特牛灯台は含まれず、そのため明治期灯台の数が64と表記されることもあります）。Aランクの明治期灯台は23基。日本のトップオブ歴史的灯台と言えるでしょう。

日本は地震や台風など災害の多い国。また戦争の脅威もありました。そんな中で今日まで変わらず光を放つ姿。これからまた次の100年も変わらぬ姿でいてほしい。そのためには灯台を地域活性化のために活用すると同時に、保全を考えていかなくてはならないでしょう。

050

# 清水灯台

中部／静岡県／しみずとうだい

## 天女が守る灯台

日本初の鉄筋コンクリート造の灯台で近代産業遺産や土木遺産にも認定されている。富士の眺めが素晴らしい三保の松原に立ち、この地に残る羽衣伝説に由来して風見鶏に天女がデザインされている。

第６等レンズがまだ使われており、多くの灯台で小型のレンズがＬＥＤ灯器に変えられたことを考えると奇跡のようだ。きっと天女が守ってくれているのだろう。

灯台のすぐ近くには日帰り入浴もできるホテルがある。聞くところによると最上階の大広間の窓からは灯台がよく見えるという。いつか宿泊してみたい。

航路標識番号
2473

所在地：静岡県静岡市清水区三保２１０９の２
アクセス：バス停「三保本町」徒歩20分
初点灯：明治45（１９１２）年3月1日

無料P

塔高:18m
灯質:Fl (2) W 20s
灯器:第6等2面閃光レンズ

明治A
カード

051

# 御前埼灯台

中部／静岡県／おまえさきとうだい

航路標識番号
2495

所在地：静岡県御前崎市御前崎158
アクセス：バス停「御前崎海洋センター」徒歩10分
初点灯：明治7（1874）年5月1日

無料P

塔高:22m
灯質:Fl W 10s
灯器:第3等大型2面閃光レンズ

のぼれる
明治A
カード

## 海の難所を守る頼もしい大きなお顔

「顔が大きい」と言われたら気分を害する人もいるが、灯台に対しては誉め言葉として使う。顔に当たる部分、つまり灯ろうが大きいということで、大型レンズを有する重要な灯台という意味だからだ。建設当初、日本で最初に第1等閃光レンズが設置された灯台だった。戦災によりレンズが破損し、現在の第3等大型レンズに変わる。灯室にゆとりがあるのはそのためだ。

塔に入ると、一部煉瓦積みの様子を見ることができる。積み方には種類があるが、「長手（長い面）」だけが並ぶ段と、「小口（短い面）」だけが並ぶ段が、交互に積み上がっているのでイギリス積みとわかる。ちなみに同じ段に「長手」と「小口」が交互に並らぶ積み方をフランス積みという。

御前崎の名物は、新鮮な魚介類にメロンと華やかだが、素朴な存在として干し芋がある。薩摩芋が栽培されるようになったのは、この海が難所だったことと関係する。江戸時代中期に薩摩藩の御用船が座礁。助けた村人は、お礼に栽培方法を伝授されたのだ。

中部／静岡県／かけづかとうだい

052

# 掛塚灯台

## ハーフアンドハーフの小粋な明治期灯台

航路標識番号
2499

所在地：静岡県磐田市駒場
アクセス：バス停「竜洋海洋公園」（土日のみ運行）徒歩20分
初点灯：明治30（1897）年3月25日

無料P

明治B

塔高:16m
灯質:Iso W 6s
灯器:LED灯器

天竜川河口の東側に位置し、すぐ近くにそびえる風車との共演もいい。遮るものはなく、とても爽やかな場所だ。元々この灯台が建てられたのは、現在の場所から1㎞ほど東に位置する砂浜だった。平成14（2002）年に灯台の老朽化と、震災時の地盤の不安を理由に、現在の場所へ移築、および改修工事が行われた。多くの灯台はこうした時に取り壊され、新しく（簡易な）灯台に建て替えられるのだが、オリジナルの姿を残してもらえたのは本当に嬉しくてありがたい。

さらにこの灯台の前身として、明治13（1880）年に旧幕臣である荒井信敬《あらいしんけい》が私財をつぎ込んで建てた灯台があった。遠州灘は江戸時代から大阪や江戸へ向かう船が行き交い、また天竜川の洪水によって土砂が溜まり浅瀬が作られるため、座礁する船が多かったか

らだ。木造櫓型の灯台だったといわれ、現在は「灯台跡」に碑が建てられ、語り継がれている。

灯台の素材はこれまで見てきただけでも煉瓦、石、鉄、コンクリートがあるが、この灯台は、下半分が無筋コンクリート、上半分が鉄材で造られている。建設当時、まだコンクリートへの信頼が低く、この高さの灯台を全てコンクリートで作るには不安があったようだ。写真をみると上半分に錆がでていて痛々しいが、安心してほしい。現在はチタン箔を貼り付ける工法により腐食が防がれている。

053

# 伊良湖岬灯台

中部／愛知県／いらごみさきとうだい

## 歌・物語が生まれる場所を照らす

伊良湖岬はぐるりと散策できるように遊歩道が整備されている。その道を歩いているとハッとするほど端麗な姿の灯台が現れた。小型の灯台だがフォトジェニックだ。塔の中腹に入り口が設けられ、そこまでは足掛けステップが組まれている。遊歩道が造られる以前は周囲が岩場で、波が打ち付けることを考慮したのだろう。通常は高い場所に建てられることが多く、この灯台も崖の上に建設が予定されていたが、北東10㎞の場所に旧陸軍の実射試験場があり（現在も跡地が残る）、大砲が飛んできて被弾する恐れがあったため、現在の場所に建てられた。

遊歩道には所々に和歌が刻まれた石碑が埋め込まれている。これは伊良湖出身で、漁師でありながら歌人となった糟谷磯丸《かすやいそまる》の作品だ。時代は江戸後期、読み書きが十分ではなかったため「無筆《むひつ》の歌詠み」と呼ばれ、素直でわかりやすい作風に庶民から人気が集

航路標識番号
2507

所在地：愛知県田原市伊良湖町古山
アクセス：バス停「伊良湖岬」徒歩12分
初点灯：昭和4（1929）年11月20日

無料P（徒歩10分）

塔高:17m
灯質:Iso W 6s
灯器:LED灯器

カード

まったという。

他にも詩や文学との結びつきが強い場所だと実感する。万葉集にも詠まれ、松尾芭蕉も句をつくり、「名も知らぬ遠き島より……」と始まるこの詩「椰子の実」は、民俗学者であり思想家の柳田國男が、伊良湖岬を訪れた時の土産話として、椰子の実が浜に流れ着いたと島崎藤村に伝えたことで生まれた作品だ。さらに伊良湖水道を挟んで向かい側には神島が見える。三島由紀夫の『潮騒』の舞台でもあり、神島の灯台も物語の要となっている。

054

# 野間埼灯台

中部／愛知県／のまさきとうだい

## 子どもたち、恋人たちから親しまれる灯台

知多半島の西側に位置し、名古屋港に入出港する船の目印となっている。国道に面しているので訪れる際のアクセスは抜群。中部国際空港セントレアが近く、灯台の上を飛行機が気持ちよさそうに飛んでいく景色もよく見られる。

いつからか灯台前の柵に南京錠をかけると恋が実るというジンクスが広がり、南京錠の重みで柵が倒壊しかけるほどに。現在は南京錠専用として、五線譜をモチーフとしたモニュメントが設置されている。また「恋する灯台」に認定されたことを記念してハート形の南京錠も登場。灯台から徒歩5分ほどの「まちの駅 食と健康の館」で販売されている。ここは駐車場が無料なので（灯台前の駐車場は有料）、ここに停めて南京錠を買ったり、名物の塩ソフトクリームを食べたりしてから灯台まで歩いて行くのも手。ちなみに南京錠は1年もするといっぱいになるので、毎年6月にご祈禱をした上で撤去するとのこと。

航路標識番号
2632

所在地：愛知県知多郡美浜町大字小野浦岩成20の1
アクセス：バス停「野間灯台」すぐ
初点灯：大正10（1921）年3月1日

有料P

恋する

カード

塔高:18m
灯質:Iso W 6s
灯器:LED灯器

灯台の向かい側には南の島をイメージした美味しいカフェレストランがある。とくに窓側の席は灯台を眺めながら食事ができるので最高だ。夕日も美しく、これ以上のデートスポットはなかなかないだろう。

子どもたちからも愛されており、地元の小学校で灯台の歌もつくられた。インターネットで「輝け野間灯台」と検索して元気な歌声を聴いてほしい（地元では「埼」を入れずに野間灯台と呼ぶ）。

現在はＬＥＤ灯器だが、以前使われていたレンズは大王埼灯台の資料展示室にある。

055

# 生地鼻灯台

中部／富山県／いくじはなとうだい

## 立山連峰を背負う灯台

前方に富山湾、後方に立山連峰という、雄大としか言いようのない立地だ。当然だが、灯台マニアは海に行く機会の方が多いし、山派か海派かと聞かれたら、想像通りの返答をする。だがこの景色を見たときは、「ほぉ……山も美しいものですねぇ」と感動的に気が付いた。あの山頂の雪も、いずれ溶けて土に染み込み、滝や川と合流して勢いを増し、いつかは海となって船を運ぶのだろうか。「おーい！　ここだよぉ」と手を振りたくなった。

毎年、灯台記念日に関連して一般公開される。背の高い灯台なので、バルコニーからの眺めはかなりのものだろう。また灯台が様々な色にライトアップされることもあり、注目を集めている。灯台の目の前には「北洋の館」というギャラリーカフェがある。元は大正時代に建てられた漁具倉庫で、趣のある室内に北洋漁業の歴史を学べる展示をしている。カフェメニューから食事まで対応し、海産物などのお土産物の購入も可能。

また灯台から２００mほど南下した場所に、槍《やり》が崎燈明台《さきとうみょうだい》がある。高さ20mの細長い鉄塔で、大正末期に再建されたものらしい。生地鼻灯台が建てられる以前は、この灯りが頼りだったのだろう。

航路標識番号
1290

所在地：富山県黒部市生地９６０２
アクセス：バス停「龍泉寺前」徒歩５分
初点灯：昭和26（１９５１）年2月11日

塔高:30m
灯質:Fl W 10s
灯器:第4等2面閃光レンズ

056

# 岩崎ノ鼻灯台

中部／富山県／いわさきのはなとうだい

航路標識番号
1258

所在地：富山県高岡市伏木国分8の36
アクセス：JR氷見線「越中国分駅」徒歩20分
初点灯：昭和26（1951）年5月30日

無料P

塔高:14m
灯質:Fl W 15s
灯器:第4等2面閃光レンズ

恋する
カード

## 桜の灯台

お花見ができる灯台と言えば、まっさきに名前があがるのが岩崎ノ鼻灯台だ。4月の初め頃、北陸に春が訪れ、灯台がピンク色に包まれる。円筒状の塔が下部分だけ太く、段ができているのは、耐震工事によるもの。以前はすらりとまっすぐの塔だったが、より安定感が増して貫禄がついたようにみえる。灯台が建てられたのは昭和26（1951）年。伏木富山港が重要港湾に指定されたことが理由だ。現在は重要特定港湾に昇格指定され、北陸地方の重要な拠点となっている。

岩崎ノ鼻灯台のあとは港にも寄ってほしい。防波堤灯台のひとつに、伏木外港万葉東《ふしきがいこうまんようひがし》防波堤灯台（左下の写真）がある。デザイン灯台で、明治10（1877）年に建てられた櫓型の燈明臺を模している。燈明臺についての案内板によると、地元の廻船問屋の当主であった藤井能三《ふじいのうぞう》が港と日本海側の経済活動を発展させるために私

財を投じて建てたとある。歴代の灯台がこの地域の発展を支えたことを実感できた。

近くには国定公園となっている雨晴《あまはらし》海岸《かいがん》がある。ここに面した道の駅はスタイリッシュで、カフェのカウンター席から海岸線を走る列車と富山湾の素晴らしい景色が望める。

057

# 禄剛埼灯台

中部／石川県／ろっこうさきとうだい

## この素晴らしい灯台を設計したのは誰？

能登半島の先端、狼煙《のろし》という地名からも、古来より火が焚かれていた場所と想像する。広々とした芝生に鎮座する灯台は、半円形の付属舎に、低い円筒形の灯塔。このシルエットは明治期の石造灯台によく見られ、金華山灯台、部埼灯台などR.H.ブラントンが設計した灯台とそっくりだ。しかし禄剛埼灯台の設計図は見つかっておらず、設計者については、イギリス人、フランス人、日本人の３つの説がある。

ブラントンの灯台によく似ているのでイギリス人と推測することに疑問はないが、明治９（１８７６）年にブラントンは任を解かれて帰国しており、自身の手記（報告書）にも記載はない。後任であるマクリッチも明治12（１８７９）年に解雇されている。フランス人とする資料もあるが、根拠は明示されていない。レンズがフランス製だからそう推測したのだろうか。そして最も有力なのは、ブラントンの灯台を参考にし、日本人が設

航路標識番号
1123

所在地：石川県珠洲市狼煙町イ51
アクセス：バス停「狼煙」徒歩10分
初点灯：明治16（1883）年7月10日

恋する
明治A
カード

無料P（徒歩10分）

塔高:12m
灯質:Iso W 6s
灯器:第2等不動レンズ

計したというものである。バルコニーを支える金具部や、初点プレートに和風の意匠（菊の紋）が入っており、画家のサインのごとく痕跡を残したと解釈されている。

欧米に比べ日本は、灯台の歴史的資料が豊富に残っているとは言い難い。それでも先人が戦災や震災から守った資料を元に、事実追求の余地があるところが灯台の面白さと言える。

レンズは第2等の不動レンズで、これは現役の不動で最も大きなサイズである。その名の通りレンズは回転せず、電球とレンズの間を遮蔽板が周回し、光を遮ることで明暗を作り出す。

058

# 猿山岬灯台

中部／石川県／さるやまみさきとうだい

## 昔は秘境、今は遊歩道に感謝して向かう

能登半島の地形は左手で表現しやすい。力を抜いた状態で親指側から見ると、ほら！ 人差し指の先に禄剛埼灯台、そして猿山岬灯台は第三関節の骨が飛び出しているあたり。他にも多くの灯台があるので、めぐりがいのある半島だ（じっと手を見る）。

バルコニーの一部がポコンと飛び出ているが、ここには副灯が設置されていた。予備の灯器を備えるほど重要な灯台だったことがわかる。しかし最近この部分は取り除かれたらしい。ちょっと残念。

また、使われていた第二等レンズは道の駅「赤神」で展示している。能登地震で破損したため移設されたのだ。この展示場所からも北の方角に小さくではあるが猿山岬灯台が見える。

航路標識番号
1109

所在地：石川県輪島市門前町吉浦
アクセス：バス停「五十洲」徒歩1時間
初点灯：大正9（1920）年11月15日

無料P（徒歩10分）

塔高:17m
灯質:Fl W 8s
灯器:LB-M30型灯器

カード

059

# 越前岬灯台

中部／福井県／えちぜんみさきとうだい

## 花に囲まれた灯台

灯台の周囲に植えられているのは桜の木。きっと灯台守がいた時代も毎年春の訪れを知らせていたのだろう。そして目の前の丘では水仙が揺れる。こちらは「越前岬水仙ランド」という年中無休、入場無料の公園だ。ピーク時には１５００万本の水仙が咲くらしい。見頃は12～1月ごろだが、桜の時期でもまだ多少咲いていた。丘をのぼって灯台を見下ろすようなアングルが新鮮だ。

現在はＬＢ型と呼ばれる、車のヘッドライトのような灯器で光を放つが、以前は第４等フレネルレンズが使われていた。このレンズは水仙ランド敷地内の「水仙の館」に展示してある。

航路標識番号
1069

所在地：福井県丹生郡越前町血ヶ平
アクセス：バス停「水仙ランド入口」徒歩15分
初点灯：昭和15（１９４０）年3月29日

無料P

恋する

カード

塔高:16m
灯質:Fl W 15s
灯器:LB-M30型灯器

060

# 立石岬灯台

中部／福井県／たていしみさきとうだい

## 灯台守の生活を感じた灯台

灯台の前に設置された日時計は、歴史的灯台の証のように重要なものだ。これまで私は、昔は時計がなかったため日時計を使ったのだろうと理解していた。加えて天気の悪い日はどうしたのだろうと疑問を持っていた。そこで灯台の歴史が編纂された『日本燈台史』を調べてみると、灯台守の規定が書かれた「守燈方示教総則書《しゅとうかたしきょうそうそくしょ》」が載っており、このような内容が記されていた。「平常時は日没の時刻に点灯し、日の出の時刻に消灯しなさい。天候によって暗いときは早めに点灯させるなど状況をみて判断しなさい」さらに「時計を精密にしておくため、少なくとも週に1回は日時計によって時刻を合わせること」とある。そうか、時計の時刻がズレてしまうため、日時計で正確な時間に合わせていたんだと理解できた。その後、灯台守の生活に心を寄せられた貞明皇太后よりラジオが与えられ、放送で時間を合わせるようになった。

灯台までの道だが、港には停めておいても迷惑にならないスペースがある。そこから歩いて25分ほど。舗装されていない海岸沿いの道から山道に入っていく。滑りにくいトレッキングシューズがいいだろう。また「熊出没注意」の看板がある。つまり単独ではなく2人以上で、鈴やラジオ、歌うなどで音を出し、鉢合わせしないように気を配ること。

航路標識番号
1047

所在地：福井県敦賀市字立石エリヶ崎
アクセス：バス停「立石」徒歩30分
初点灯：明治14（1881）年7月20日

恋する
明治C
カード
文化財

塔高:8m
灯質:Fl W 10s
灯器:LB-M30型灯器

立石岬灯台
JCG
海上保安庁
敦賀海上保安部
0770-22-4179

# 隠れ灯台を探せ

横浜の外防波堤灯台

## 街中にも灯台が！

常に灯台のことを考えていると、アンテナが敏感になります。街中で「いまの灯台！?」と振り返って、「なーんだ工場の煙突かぁ」とか、「テレビ塔かぁ」などがっかりすることも多いのですが、このセンサーが思いもよらぬところで、隠れ灯台を見つけてくれることがあるんです。ここで紹介するのはごく一部なので、ぜひ日本中の隠れ灯台を探してください！

## マンホール

マンホールの絵柄に灯台が描かれたものを見つけることがあります。主役級に描かれることもあれば、名バイプレイヤーとなっていることも。私は写真に撮っていますが、魚拓ならぬマン拓をとるというツワモノも！ 通行する方や車に気をつけて灯台マンホールを探してみてください。

## 道路に灯台

歩道を彩るタイルや、排水溝、車道と区切るポールにも灯台がデザインされていました。灯台が町のシンボルとなっている証ですね。海町、港町を歩くときは、可愛い灯台たちを見逃さないようにしてください。

❶安乗埼灯台のマンホール ❷酒田灯台のマンホール ❸出雲日御碕灯台のマンホール ❹西埼灯台のマンホール ❺塩屋埼灯台のマンホール拓 ❻塩屋埼灯台近くの排水溝 ❼観音埼灯台近くのポール ❽横浜大通りのタイル

# 近畿の灯台

061

# 菅島灯台

近畿／三重県／すがしまとうだい

## 日本最古の煉瓦灯台

伊勢湾の入り口にあたる菅島に、太く頼もしい歴史的灯台がある。Ｒ・Ｈ・ブラントンが設計した日本現役最古の煉瓦造り灯台だ。

明治初期に建設された灯台の材質は、木、石、鉄、そして煉瓦があるが、煉瓦はその中において量産可能な人口素材という理がある（当時灯台に使われる鉄材は輸入していてコストが高かった）。この灯台の煉瓦は菅島からほど近い渡鹿野島《わたかのじま》の瓦職人である竹内仙太郎が焼いた。日本に煉瓦の製造技術が導入されたのは飛鳥時代と聞くが、盛んに製造されるようになったのは明治維新の後。そのためブラントンは日本の煉瓦の質に対して半信半疑だったようだ。煉瓦は他の材料が得られなかった場合の最終手段だったことを自身の手記に残している。ブラントンの煉瓦灯台といえば他に、尻屋埼、御前埼、犬吠埼の３基があるが、地震の多い日本において１５０年の時を越えて現在でも堂々と役割を果たし

恋する
明治A
カード
文化財

航路標識番号
2750

所在地：三重県鳥羽市菅島町
アクセス：菅島港から徒歩30分
初点灯：明治6（1873）年7月1日

塔高:11m
灯質:Fl W 4s
灯器:LED灯器

ている。このことをブラントンが知ったら、耐震性を考慮した自らの設計を誇りに思うと同時に、日本の煉瓦の質を再評価するだろう。

灯台に向かって左側には同じく煉瓦造りの官舎が建っていた。現在は愛知県犬山市の博物館明治村に移築保存してあり重要文化財となっている。

菅島までは鳥羽マリンターミナルから定期便で15分ほど。港の近くには菅島小学校があり、校舎に灯台のモチーフが大きくあしらっていて微笑ましい。港からのアクセスは山道も含むが、それほど大変ではない。

062

# 安乗埼灯台

近畿／三重県／あのりさきとうだい

## 歴史を継承する光

この場所は古くから船のための目標物を必要としていた。江戸時代には幕府直轄の燈明臺があったと記録されている。明治６（１８７３）年にＲ・Ｈ・ブラントンの設計による木造灯台が建設されたが、灯台の建っていた場所が崖崩れを起こし、いったん後退させた。その後、初代の灯台は移築され、現在は四角い鉄筋コンクリート造の灯台が役割を引き継いでいる。のぼれる灯台であり、展示資料室の内容も充実。灯台の手前には広い芝生も広がるので家族旅行でも楽しめる灯台だ。

ちなみに初代の灯台は各地に転々と移築されたのち、現在は東京お台場の「船の科学館」で保存展示されている。

航路標識番号
2769

所在地：三重県志摩市阿児町安乗794の1
アクセス：バス停「安乗埼灯台口」徒歩20分
初点灯：明治6（1873）年4月1日

のぼれる
カード
文化財
無料P

塔高:15m
灯質:Fl W 15s
灯器:LU-M型灯器

# おいしい灯台？

「食べちゃいたいほど好き！」という表現がありますが、まさにおいしい灯台があるので紹介します！

## 灯台の和菓子

犬吠埼灯台の最中とどら焼きを販売しているのは千葉県の銚子駅からほど近い「龍泉堂」。見た目が可愛らしい上に味も絶品。たっぷり入ったあんこに思わずにっこりです。旧堺灯台をモチーフにした最中は、大阪府の堺の複数のお店で取り扱っています。

甘さ控えめなつぶあんと、香ばしい皮は、灯台ファンでなくとも納得の出来。

## 灯台のお酒

お酒好きの皆さま、お待たせいたしました！ 灯台を楽しんだあとにゆっくりと飲みたい味わい深いクラフトビールです。犬吠埼灯台から徒歩1分の「犬吠テラステラス」では銚子ビールの醸造所＆タップルームがあり、灯台のすぐ近くで味わえます。また瓶でも売っているので持ち帰りも可能です！

ワインでしたら、横須賀の宮政商店が販売する燈明堂ワインをどうぞ。日本式の灯台である浦賀燈明堂がデザインされています。北海道ワイン株式会社の醸造。白、赤、ロゼがあります。

## 手作りクッキー

まだまだ少ない灯台モチーフのお菓子。自分で手作りしよう！という方は灯台の形の抜き型がオススメ。ただし生地が柔らかいと、型から外すときに崩れてしまいやすいので、生地は厚めでバターが溶けないよう冷たくしておくほうがよさそうです。

063

# 大王埼灯台

近畿／三重県／だいおうさきとうだい

## 絵描きの町の絵になる灯台

港の岸壁を支える古い石積み、道の脇に並ぶ干物、探検気分が湧いてくる小道、土産物店で安心しきって昼寝をする猫、そして坂の上の灯台。灯台まで歩く中、すでにたくさんシャッターを切った。こうした創作意欲を掻き立てる情景は、古くから多くの画家を惹きつけたようだ。いつしか「絵描きの町」と呼ばれるようになった。

大王埼灯台はまさに灯台らしい、絵になる姿をしていると思う。写真は海上から撮ったものだが、波切《なきり》九鬼《くき》城址《じょうし》展望《てんぼう》公園《こうえん》からのアングルもオススメ。点灯時は赤い光を放つ様子が眺められる。

この海は古くから難所として恐れられていたが、そのことは昔話にも表現されている。むかし、海を荒らすダンダラボッチいう一眼の大男がいて、その悪さによって海が荒らされたり、娘がさらわれたりするので村人は困っ

航路標識番号
2781

所在地：三重県志摩市大王町波切54
アクセス：バス停「大王崎灯台」徒歩10分
初点灯：昭和2（1927）年10月5日

のぼれる
恋する
カード
文化財

無料P（徒歩6分）

塔高:23m
灯質:Al Fl W R 30s
灯器:LU-M型灯器

ていた。神様にお願いしたところ、そのお知恵によって、この村にはダンダラボッチよりも体が大きく、力持ちの村主がいると信じさせ、恐れさせて撃退したといわれている。現在でも大きな村主がいることを示すための３ｍの大わらじを海に流す「大王崎わらじ祭」が継承されており、三重県無形文化財となっている。この祭事を執り行う波切《なきり》神社には、お守り袋に灯台がデザインされた「みち灯り守り」があり、灯台が海を照らすように人生を灯してくれる。

064

# 樫野埼灯台

近畿／和歌山県／かしのさきとうだい

## 日本で最初の石造り灯台

ワインのコルク抜きのような螺旋階段が新鮮に眼に映る。灯台の中には入れないが、この外階段をのぼることで、レンズを近くから眺めることができるので、レンズ好きとしてはありがたい。

斬新なシルエットをしているので新しい灯台かと思うと歴史的灯台である。R・H・ブラントンの設計で日本初の石造灯台だ。初点灯の日付も、この本で「現役最古」と表記した神子元島灯台より早い。ということは樫野埼灯台こそ現役最古の灯台では？　と考える人もいるだろう。だが昭和29（１９５４）年に大規模な増築工事を行っており、歴史を伝える石造りの１階の上に10ｍほど鉄筋コンクリートで中継ぎしている。さらに螺旋階段が平成14（２００２）年に取り付けられた。歴史が更新されている灯台なのだ。灯台に隣接する官舎は当時の面影が色濃く残っており、内部の見学も可能だ。

この灯台を語るときに欠かせない話題は、エルトゥールル号の遭難事故だろう。『海難１８９０』とし

航路標識番号
2889

所在地：和歌山県東牟婁郡串本町樫野1006番地1
アクセス：バス停「樫野灯台口」徒歩5分
初点灯：明治3年6月10日（旧暦）
1870年7月8日（西暦）

恋する
明治B
カード

無料P（徒歩5分）

塔高:15m
灯質:Fl（2）W 20s
灯器:第2等4面
閃光レンズ

て映画化もされたので知る人も多いと思う。明治23（１８９０）年、台風の夜、樫野埼沖の岩礁で、オスマン帝国の軍艦エルトゥールル号が座礁した。乗組員約６５０名のうち、６００名近くの犠牲が出たという。灯台下に流れ着いた生存者は断崖をのぼって灯台に助けを求めてきた。灯台守によって応急処置が施され、その後は村人総出で献身的な救助が行われたことが語り継がれている。そしてこの事故から95年後の昭和60（１９８５）年、イラン・イラク戦争時、イラン脱出を希望する邦人を救ったのは、トルコ共和国の救援機だった。このことはエルトゥールル号の時の恩返しとして話題となった。

065

# 潮岬灯台

近畿／和歌山県／しおのみさきとうだい

航路標識番号
2902

所在地：和歌山県東牟婁郡串本町大字上野字御崎２８７７
アクセス：バス停「潮岬灯台前」徒歩４分
初点灯：明治６（１８７３）年９月15日

のぼれる
恋する
明治A
カード

有料P

塔高:23m
灯質:Fl W 15s
灯器:LB-H120型灯器

## 本州最南端を示す歴史的灯台

潮岬は本州最南端に位置し、観光客もよく訪れる場所だ。しかし多くの観光バスは灯台より手前の「潮岬観光タワー」で停車し、昼食や短い自由時間のあと出発してしまう。旅行者もタワーからの眺めで満足してしまうようだ。あぁなんてもったいない。どうかもう少し足を延ばして（タワーから片道徒歩10分）日本の近代化を支えた歴史的立役者との対面を果たしてほしい。高さはタワーに負けるが潮岬灯台ものぼることができ、展示資料室も見所満載なのだ。

現在の灯台は明治11（１８７８）年に建てられた石造灯台だ。なめらかな質感で、実に美しいと感じる。この灯台も長い歴史を紡いでいるが、この場所で最初の光が灯ったのは、明治３（１８７０）年のこと。R．H．ブラントン設計の木造灯台が仮点灯した。この灯台は木造にして高さが約24ｍもあり、日本の木造灯台では歴代1位を誇るものだった。なぜ仮点灯だったかというと、イギリスから購入した灯器を載せた船

が、座礁して海に沈んでしまい、急遽代用の灯器で点灯したためだ。代用されたのはアメリカから取り寄せた機関車用のヘッドライトだったという。光としては十分な機能を果たしたらしいが、灯室の温度が40度以上となるため、灯台守は大変だったようだ。このヘッドライトは３年ほど使用し、明治６（１８７３）年に灯台用の灯器と交換。これをもってようやく正式な点灯として記録された。ちなみに木造灯台は腐食を理由に、現在の石造灯台に建て替えられた。

近畿／和歌山県／いちえさきとうだい

066

# 市江埼灯台

## 戦後恐慌を乗り越え建てられた灯台

車は港に停めさせてもらって徒歩で20～30分。恵比寿神社に向かって小さな橋を渡り、右手に進むと山道に入っていく。地面はコンクリートで舗装されているが、息が切れるぐらいの勾配があるので軽い登山を覚悟しておくといいだろう。とはいっても木々の間から灯台が見えた途端に疲れは吹き飛ぶのでご安心を。

大正10（１９２１）年に建設された重量感のある鉄筋コンクリート造の灯台だ。この場所は紀州沿岸を行き来する船や、横浜・阪神間の定期船にとって針路を定める重要なポイントと考えられてきたようだ。だが山脈が高くそびえ、岬の位置を認識しにくいため、大正９（１９２０）年に灯台建設が決まる。しかしこの年の３月から第一次世界大戦の戦後恐慌に突入。景気は一気に悪くなり、灯台建設の予算にも影響が……。規模の縮小を余儀なくされ、当初第３等小型レンズを入れる予定だったところを、一回り小さい第

航路標識番号
2912

所在地：和歌山県西牟婁郡白浜町日置
アクセス：バス停「市江口」徒歩30分
初点灯：大正10（1921）年10月1日

塔高:11m
灯質:Fl W 8s
灯器:LB-M30型灯器

4等レンズに変更したことが記録に残っている（現在はレンズではなくヘッドライトのような灯器に変わっている）。

周囲は木々が生い茂っているため海が見えないが、灯台守がいた時代は手入れが行き届き、眺望がとてもよかったようだ。ちなみに灯台守がこの場所に住んでいたのは昭和52（1977）年の春まで。これを最近と感じるか、だいぶ昔と感じるか、読んでいる方の年齢によって違うと思うが、私にとってはちょうど生まれた年。灯台のことを調べていると、もう少し早く生まれていれば……と思うことがよくある。

067

# 経ケ岬灯台

近畿／京都府／きょうがみさきとうだい

## 海の京都の雅な光

京都といえば、神社仏閣や舞妓さんといった古都としての印象が強い。逆に海のイメージを持っている人は少ないのではないだろうか。しかし北上すれば日本海に突き出た丹後半島にたどり着き、天橋立《あまのはしだて》や伊根《いね》の舟屋《ふなや》など、名高い海の景勝地が存在する。そして経ケ岬灯台もそこに肩を並べているのだ。

経ヶ岬という名前の由来は、「かつて海難事故が多く、岬の洞窟で僧侶が経を唱えて霊を弔ったため」という説や「岬の地形が、柱状節理であることから経本を広げて立てたような形に見えるため」などといわれている。

日本に数少ない第1等レンズを持つ灯台で、灯台ファンも一目置く。またフランスで発明された水銀槽式回転機械を日本で採用する先駆けとなった灯台だ。この装置は、重量が数トンにも及ぶフレネルレンズを、水銀の浮力を利用してスムーズに回転させるためのものだ。これにより回転速度が格段に速

航路標識番号
0998

所在地：京都府京丹後市丹後町袖志経ケ岬162の3
アクセス：バス停「経ケ岬」徒歩30分
初点灯：明治31（1898）年12月25日

恋する
明治A
カード

無料P（徒歩20分）

塔高:12m
灯質:Fl（3）W 20s
灯器:第1等3面閃光レンズ

くなった。例えば、経ヶ岬灯台のレンズは、光を集める面が3つあり、20秒で1回転するので、20秒間に3回光が閃光する。もし回転速度が遅く4分かかるとしたら、暗い時間が長くなり船乗りは灯台の場所を見失ってしまうだろう。そのため、昔のレンズは面を多くすることで回転速度の遅さを補っていたが、その分光が弱くなるデメリットがあった。このように水銀槽は灯台にとって重要な発明だったが、昨今は水銀の有毒性を懸念する声があり、特殊車輪によって回転する方式に変わりつつある。

068

# 旧堺燈台

近畿／大阪府／きゅうさかいとうだい

## 明治時代の貴婦人のような灯台

灯台としての役割は終えているが国の史跡指定を受け、文化財として今に残る木造灯台。ドレスの裾のようで優雅な形状の石積みは、岡山から運んだ花崗岩。鉄分が多く、光の具合で桃色にも見える。

この灯台は、お雇い外国人R・A・ビグルストーンの力も借りつつ、地元の大工である大眉佐太郎が建設の主導を行った。費用の大部分も地元の人々からの寄付金だったという。およそ1世紀に渡り大阪湾を照らしたが、周囲の埋め立てが進み、昭和43（1968）年に廃止。その後老朽化が心配されたが、平成に保存修理工事が行われ現在は美しい姿を取り戻している。

航路標識番号
なし

所在地：大阪府堺市堺区大浜北町5丁目1の22
アクセス：南海「堺駅」徒歩15分
初点灯：明治10年（1877）9月15日

有料P（徒歩7分）

塔高:11m
灯質:FG（現役当時）
灯器:第5等不動レンズ（現役当時）

# 日本の旧灯台

日本では、廃止された灯台は取り壊してしまいますが、史跡として残る灯台もあります。自らは光りませんが、ライトアップされるものも多く歴史の証人となっています。

## 旧和田岬灯台

兵庫県神戸の須磨海浜公園に立つ赤い鉄造の灯台。初点灯は明治 5（1872）年で、初代は八角形の木造灯台でしたが、明治 17（1884）年に鉄で六角形の櫓型に建て直されました。和田岬に立っていましたが、周囲が埋め立てられ昭和 39（1964）年に移築。明治初期の鉄造灯台として登録有形文化財となっています。

旧和田岬灯台

## 旧金ノ弦岬灯台

山口県下関の関門海峡に立つ石造りの灯台。建てられたのは明治 4(1871）年で、R.H. ブラントンの手によるものです。当初は岩礁の上に建てられました。大正期に現在の場所に移築され、平成 12（2000）年に廃止。現在は下関市の有形文化財となっています。

旧金ノ弦岬灯台

## 旧福浦灯台

石川県能登半島の福浦港を見下ろす場所に立つ木造の灯台。慶長 13（1608）年から篝火を焚いていた場所で、明治 9（1876）年に建てられました。志賀町のご当地キャラ「西能登あかりちゃん」のモチーフともなっています。

旧福浦灯台

## 旧酒田灯台

山形県酒田の日和山公園に立つ木造六角灯台。明治 28（1895）年に建てられました。当初は最上川の河口、宮浦という場所に立ち、宮浦灯台という名前でした。昭和 33（1958）年に現在の場所に移築保存。山形県指定有形文化財となっています。

旧酒田灯台

近畿／兵庫県／えさきとうだい

069

# 江埼灯台

## 震災にも耐え、今も光り続ける灯台

淡路島の北端で明石海峡を見守る灯台。R・H・ブラントンは、このように背の低い灯台をいくつも設計しているが、その中でも高さ８ｍとは特に低い。私には「お風呂で首まで浸かって顔だけ出している状態」に見える。10数えたらあがっていいよとお母さんの声が聞こえてきそうだ。

スコットランド出身のブラントンは日本に地震が多いことを考慮して設計を行った。またブラントンの師匠にあたる灯台技師スティーブンソン兄弟は耐震装置を考案。レンズ台の下に青銅製の球を挟んで、灯器に伝わる揺れを緩和させようと考えた。だがこの装置は、灯台守が保守作業をする時にも揺れて不都合だったため、すぐに固定され機能しないようになった。

灯台が建てられて１２４年後の平成７（１９９５）年、阪神・淡路大震災が起こり、大きな被害をもたらした。白く綺麗に塗装されているが、灯台の石積みにズレが

航路標識番号
3801

所在地：兵庫県淡路市野島藤江崎字小磯17
アクセス：バス停「江崎灯台」徒歩5分
初点灯：明治4年4月27日（旧暦）
1871年6月14日（西暦）

恋する
明治A
カード

無料P（徒歩5分）

塔高:8.3m
灯質:Al W R 10s
灯器:第3等大型不動レンズ

生じているのが写真からも分かるだろう。震災の規模を後世に伝えるため、ズレた状態のまま補強を行ったという。また地震発生後に周囲が停電する中、灯台は予備電源に切り替わり点灯を続けた。

耐震装置のおかげではなかったが、ブラントンやスティーブンソンの配慮に感謝したい。

070

# 余部埼灯台

近畿／兵庫県／あまるべさきとうだい

## 日本で一番空に近い光

日本で一番高い位置から光を放つ灯台。とは言っても背が高いのではなく、標高の高い場所に立つことが理由だ。こうした光の高さのことを「灯高」と呼び、「平均水面から灯火までの高さ」を示す。余部埼灯台は284mだ。

実は建てる時、それまで一番高かった北海道の茂津多岬《もったみさき》灯台（灯高282m）を意識して設計したらしい。トップの座を奪われた茂津多岬灯台は平成13（2001）年の改築時に、屋根をドーム型から、縦に長いとんがり屋根に変え、少しだけ背を高くした。このことで灯高は変わらないが、「平均水面から灯台頂部までの高さ」で1位となった。微笑ましい仕返しが愛おしい。

航路標識番号
0963

所在地：兵庫県美方郡香美町香住区余部字明神谷3164の4
アクセス：JR「餘部駅」から車で12分
初点灯：昭和26（1951）年3月25日

無料P

恋する
カード

塔高:14m
灯質:Fl W 15s
灯器:第3等大型2面閃光レンズ

# 中国・四国の灯台

071

# 室戸岬灯台

中国・四国／高知県／むろとざきとうだい

## まん丸おめめの大きなレンズ

航路標識番号
3027

所在地：高知県室戸市室戸岬字大坊屋敷6939の2
アクセス：バス停「室戸岬」徒歩（へんろ道）25分
初点灯：明治32（1899）年4月1日

無料P

明治A

カード

塔高:15m
灯質:Fl W10s
灯器:第1等2面閃光レンズ

日本には現在、第1等レンズを使用する灯台が5基ある。室戸岬灯台はその中で最も大きさを実感できる灯台だ。灯塔があまり高くないし、灯台の立っている場所が鑑賞ポイントよりも低いのでレンズがちょうど目の前に見えるのだ。単閃光レンズのため、形状がまん丸なのもいい。点灯時は光を浴びることだってできる。「光を浴びて熱くないの?」と聞かれることがあるが、そんなことはないのでご安心を。灯台ファンとしてはご来光のようにありがたく感じる。また光の届く距離は日本で最も長い49㎞。光が水平線を走っている姿はとてもかっこいい。

このレンズを製造したのは日本光機工業というメーカーで、創業は大正8（1919）年。日本初の灯台用レンズメーカーだ。こうしたレンズは当時職人さんたちが手作業で研磨をして作っており、日本の技術は世界一とも言われるまでに至った。現在は新たなレンズが製造されることはないが、灯台用の各種灯器などが生産されている。

灯台は鉄造りで、鉄板をつなぎとめるリベットにそそられる。丸いボタンのように見える部分のことだ。通常は灯台の敷地内に入ることができないが、一般公開を狙って、ぜひ近くからも眺めたい。

072

# 佐田岬灯台

航路標識番号
4967

所在地：愛媛県西宇和郡伊方町大字正野字大島1371の3
アクセス：三崎港から佐田岬灯台駐車場まで車で30分
初点灯：大正7（1918）年4月1日

恋する
カード
文化財

無料P（徒歩25分）

塔高:18m
灯質:Fl (3) W 20s
灯器:第3等大型3面閃光レンズ

## 長い半島の先端を照らす

初期の鉄筋コンクリート造の灯台で、バルコニーの手すりが金属製ではなく、コンクリートで作られていることに大正っぽさを感じる。容姿淡麗でレンズも大型。まさに絵になる灯台だ。立っている場所もかっこいい。四国の最西端、九州に向かって伸びる日本一長い半島の先端だ。対岸の大分県関崎までは13kmの距離で、この豊予海峡は1秒間に３ｍも流れるという早い潮流。さらに灯台から沖合６５０ｍのところに危険な岩礁があり、昔から船舶にとって難所だった。この岩礁には目印となる小さな柱が建てられ、夜になると灯台に取り付けられた照射灯でスポットライトのように照らし注意を促す。

周囲には展望所が設けられ撮影スポットが豊富だ。椿山展望所からは灯台の背後から海や島影と共に撮影でき、御籠島展望所からは灯台をサイドから撮影できる。時間によっても表情を変えるので、ついつい長居をしてしまうだろう。

また近くの洞窟式砲台跡も整備され、戦争遺産として見学ができる。
　駐車場から灯台までは舗装された道が続くので歩きやすいが、急な勾配もあるため、歩きやすい靴で訪れたい。

073

# 男木島灯台

中国・四国／香川県／おぎしまとうだい

## キャンプもできる美しい御影石灯台

灯台めぐりをしていると、このように補修工事期間とぶつかってしまうことが稀にある。あちゃーと思うか、レアな姿を見られてラッキーと思うかは心の持ちよう。本来であれば御影石の美しい風合いを楽しむことができる。ちなみに日本の灯台は白く塗装がされていることがほとんどで、現役灯台で無塗装は3基だけだ（あとの2基は角島灯台と六連島灯台）。この灯台は「のぼれる灯台」ではないが、灯台資料館の見学ができる。またキャンプ場にもなっていて、トイレやシャワー、炊事場などの設備も整っている。灯台でキャンプなんて最高だ。ちなみに隣の女木島には、ちょっと変わった防波堤灯台が《いる》ので必見。

航路標識番号
4067

所在地：香川県高松市男木町字州鼻1062の1
アクセス：男木港から徒歩30分
初点灯：明治28（1895）年12月10日

明治A

カード

塔高:14m
灯質:Fl W R G 10s
灯器:LB-M30型灯器

# デザイン灯台

鬼の灯台

鬼ヶ島伝説の伝わる香川県の女木島の防波堤灯台は、なんと鬼が抱えています。こういった灯台は「デザイン灯台」と呼ばれ、その土地の文化や観光資源をデザインに反映させ、地元の方はもちろん、旅で訪れた人にも愛着を持ってもらうことが目的。海上保安庁が自治体や日本航路標識協会と協力し合い、港湾地域の活性化を図っています。

## 新しい灯台のデザイン灯台は大根

大根灯台

最近、公募により新しい安房埼灯台のデザインが決められました。デザインテーマはなんと大根! 地元で有名な三浦大根を表すため、灯ろう屋根は三角形で、緑のグラデーションがリアル。このデザインを考えたのは地元の女性。自分のデザインした灯台が建てられるなんてものすごい名誉だなぁ。羨ましい!

## ゴルフ灯台や古の灯台

石灯籠灯台

またゴルフ場の隣に立つ川奈埼灯台はゴルフティをイメージ。見た目もスタイリッシュです。また神宮に隣接している鵜戸埼灯台は石灯篭の姿をした古式ゆかしいデザイン。実際に光るのは一番てっぺんについたLED 灯器なので今昔がドッキングしたような灯台ですね。こうした個性豊かなデザイン灯台は日本全国にあり、私たちを楽しませてくれています。

ゴルフティ灯台

074

# 高松港玉藻防波堤灯台

中国・四国／香川県／たかまつこうたまもぼうはていとうだい

## 夜の姿はまるでルビー

夜になると灯台全体が赤く輝く。世界でも類を見ないガラス製の灯台だ。19㎝角のガラスブロックが1600個使われているという。見た目も美しいが、海上から見たときに市街地の明かりに紛れることなく視認性がいいという利点があるようだ。

第5等不動レンズがまだ使われていることも灯台ファン、とくにレンズフェチとしては嬉しい。こうした防波堤灯台の多くはLED灯器に変わってしまったが、レンズを使用している灯台と比べて光の雰囲気が全く違うからだ。LED灯器はキレが良く、ピッと光り、シュッと消える。クールで余韻がない。対して電球とレンズの組み合わせで発する光は、フワリと灯り、ホワンと消える。光の感じが優しく、まるで呼吸をしているように見えるのだ。

この灯台の初点灯は昭和中期だが、平成10（1998）年に防波堤が延長され移築を

航路標識番号
4082

所在地：香川県高松市サンポート
アクセス：JR「高松駅」徒歩15分
初点灯：昭和39（1964）年12月28日

有料P（徒歩10分）

恋する
カード

塔高:14m
灯質:Iso R 6s
灯器:第5等不動レンズ

する際、この姿に建て替えられた。公募によって名付けられた「せとしるべ」の愛称でも呼ばれ親しまれている。

男木島へ向かうフェリーからもよく眺められるし、防波堤を歩いて行くこともできる。

075

中国・四国／岡山県／むしまとうだい

# 六島灯台

## 水仙の香りとしまなみを望む

水仙の甘い匂いが漂う。灯台の前にはベンチが置いてあり、そこからは瀬戸内海らしい波のような島影と、その間をのんびりと進む船が見える。うっとりと夢心地になったのは、水仙の香りに含まれるリラックス効果、リナロールの作用だろうか。

この水仙は島を盛り上げるために地元の小学生とボランティアによって植えられたという。効果は抜群で「灯台と水仙の島」と認識されるようになった。見頃を迎える2月には「水仙まつり」が催され、多くの人が訪れる。この催事にあわせて灯台が一般公開されることもあるので要チェックだ。

島までは岡山県の笠岡港から定期船に乗って70分。船が到着する前浦港からは灯台まで徒歩15分。道案内の看板がいたるところにあるし、景色を楽しみながら歩いていると

航路標識番号
4401

所在地：岡山県笠岡市六島字小六6453
アクセス：前浦港から徒歩15分
初点灯：大正11（1922）年12月1日

恋する
カード

塔高:13m
灯質:Iso W 6s
灯器:第5等不動レンズ

あっという間に感じる。

　また前浦港には「六島浜醸造所」というクラフトビールの醸造所がある。同じ笠岡諸島に属する北木島の牡蠣の殻をつかったオイスタースタウトなど、オリジナルのクラフトビールを楽しめる。灯台をまぶたに映しながらビールを味わうのは本当に最高。

076

# 大浜埼灯台

中国・四国／広島県／おおはまさきとうだい

## 知的好奇心をくすぐる灯台

瀬戸内海はたくさんの島が海から顔を出し、橋で繋げられるほど距離が近い。地図で尾道や三原の海を見ると、航行の難しさが素人目にもわかる。そして来島海峡は海流が速く、瀬戸内海一の難所といわれる。この来島海峡を避ける迂回路として、島をすり抜けるような航路ができ、島々に灯台が建てられた。しかも9基もの灯台、灯標が同じ明治27（1894）年5月に点灯を開始している。時は日清戦争直前、呉も近く、軍事的にも重要な航路だったことが想像できる。光を遠くまで伸ばす必要はないため小ぶりな灯台が多いが、背負う役割は大きく、凛々しい立ち姿に惚れ惚れする。

灯台のすぐ近くに3つの三角屋根が見える。現在は大浜埼灯台記念館として、窓辺に資料を展示し、ショーウィンドーのように外から見学ができるようになっており、灯台ファンにとって垂涎もののお宝が展示されてい

航路標識番号
4468

所在地：広島県尾道市大浜366
アクセス：バス停「因島大橋」徒歩10分
初点灯：明治27（1894）年5月15日

明治C

カード

無料P（徒歩5分）

塔高:9.3m
灯質:Iso W R 6s
灯器:無等不動レンズ

るが、最も重要な資料はこの建物自体だ。元は船舶通行潮流信号所として明治43（１９１０）年に建てられた。三角屋根の下、立方体の部分に羽板のような形状が見えるだろうか。ここに図形を表示し、こちらに向かってくる船がどの海域を走行しているかを伝えていた。記念館には音声案内や詳細な解説もあり、知的好奇心が刺激されることだろう。地元の観光協会は、海上保安部と協力し合い、灯台クルーズツアーを実施。好評を得ている。

077

# 長太夫礁灯標

中国・四国／広島県／ちょうだゆうしょうとうひょう

## 海上の守護神

灯標《とうひょう》とは、浅瀬や岩礁の上に立ち、危険を促す航路標識だ。こちらも大浜埼灯台と同じ年に建てられた。現在は上部に手すりがつけられ、内側にLED灯器が設置されているが、建築当初は「灯ろう」（光源を覆っている部分）がちゃんとあり、ここで使われていた灯ろうは大浜埼灯台記念館の裏手に野外展示してある。

昔、海上の灯標やブイはガス灯器で光を発しており、夜になると自動で点火することができた。灯台守は船で定期的にガスボンベを交換していたという。

てっぺんの部分（頭標《とうひょう》という）に2つの三角形が付いている。どの方角から見ても三角形に見えるよう三角錐となっているのだが、この三角形の向き（上か下）の組み合わせで、どの方向に加航水域や航路の入り口があるかわかるようになっている。ちなみに上向き2つの場

明治D

航路標識番号
4471

所在地：広島県尾道市（細島北端の西北西約580m）
初点灯：明治27（1894）年5月15日

塔高:6.7m
灯質:Q W
灯器:LED灯器

合は北方位標識であることを示す。こうした灯標は訪れることが難しいが、以前、尾道海上保安部により「明治期の灯台をめぐるクルーズ」が開催され、それをきっかけに地元自治体も灯台ツアーを企画してくれるようになった。こうした貴重な機会を見逃さないようにしてほしい。

078

# 境港防波堤灯台

中国・四国／鳥取県／さかいこうぼうはていとうだい

## 昔は長い長い防波堤だった

「防波堤灯台」という名前がついているのに、防波堤は波に覆われ、海水に囲まれている。

建設当時は長い防波堤の先端に位置していたようだ。だが昭和42（1967）年に防波堤が埋め立てられ、現在は灯台の立つ先端だけが当時を物語る。周囲は昭和北緑地として整備され、遊歩道を歩いていくと堤防から灯台がヒョコっと顔を出すのが可愛い。

近くの境台場公園には六角形の木造灯台が立っている。これは明治28（1895）年から昭和9（1934）年まで使われた境港灯台を復元したものだ。

また港に立っている赤白縞模様の塔は指向灯。

航路標識番号
0897

所在地：鳥取県境港市潮見町
アクセス：境港駅から徒歩65分
初点灯：昭和6（1931）年4月1日

無料P（徒歩5分）

塔高:14m
灯質:Iso W 6s
灯器:LED灯器

079

# 美保関灯台

中国・四国／島根県／みほのせきとうだい

## レストランを併設した歴史的灯台

島根半島の地蔵崎に立つ（そのため当時の名前は地蔵埼灯台）。一部ネットの情報でフランス人による設計とあるが、レンズがフランス製であることから勘違いしたのだろう。灯台ファンならこの姿を見てブラントン型の灯台だとわかるはず（金華山や部埼によく似ている）。とはいってもブラントンの在任期間は明治9（1876）年3月までで、すでにスコットランドへ帰国。後任であるマクリッチも任を解かれた時代のため、ブラントンの技術を習得した日本人技手による設計だろう。

官舎はレストランとして活用されていて、日本では貴重な例だ。建設当初から使われていたフランス製の第1等8面閃光レンズも展示してある。

航路標識番号
0848

所在地：島根県松江市美保関町美保関
アクセス：バス停「美保神社入口」から徒歩35分
初点灯：明治31（1898）年11月8日

恋する
明治A
カード
文化財

無料P（徒歩5分）

塔高:14m
灯質:Fl W 12s
灯器:LB-M60

080

# 出雲日御碕灯台

中国・四国／島根県／いずもひのみさきとうだい

航路標識番号
0821

所在地：島根県出雲市大社町日御碕1478
アクセス：バス停「日御碕灯台」徒歩5分
初点灯：明治36（1903）年4月1日

のぼれる
恋する
明治A
カード
文化財

無料P（徒歩5分）

塔高:44m
灯質:Al Fl(2+1)
W R 20s
灯器:第1等3面
閃光レンズ

## 後世に残していきたい大灯台

日本で最も背が高く、第1等レンズを備えている。まさに日本を代表する大灯台。朝焼けを浴びる姿からは神々しささえ感じる。

この灯台は日本人による設計、施工だ。建設責任者は石橋絢彦と記録にある。逓信省灯台局の技師として明治期の灯台建設に従事したトップの1人だ。

しかしこの灯台でさえも、取り壊される危機があった。昭和47（1972）年、高度経済成長期のなか、耐震性の不安を理由に新しくコンクリート造の灯台に建て替えようとしていたのだ。しかし一部の関係者がこの灯台の存続を希望し、老朽度の検査を行った。そうしたところ安全性が証明され、間一髪取り壊しを免れたのだ。この灯台を残してくれた先人に心から感謝したい。灯台はその機能だけではなく、歴史や文化を背負った大切な文化財だと感じる。

平成になって耐震補強も実施された。今後も必要な保全を行い、次の世代にも引き継いでいくことが重要だと思う。

最近では参加者によって色を変えられるライトアップや、ナイトマーケットなど、イベントにも活用され地域活性にも役立てられている。

081

# 特牛灯台

中国・四国／山口県／こっといとうだい

## 愛おしい小さな用心棒

明治最後の年に建設された小さな灯台。同じ山口県の角島灯台が華々しいため、日陰となっている存在だ。でも私はこの灯台が相当好きだ。光の色は危ない海域を示す赤の部分が多く、照射灯を備え岩礁の上の標柱《ひょうちゅう》を照らし注意を促している。小さな体にもかかわらず、私たちを守ろうと一生懸命武装しているように見えるのだ。あぁなんて愛おしいんだろう。

灯台の後ろ側は小高くなっており、昔はここに官舎が建てられていた。大型の灯台は灯台守が数人体制で管理し、それぞれ家族も連れてくるため賑やかだったと聞くが、この灯台に配属されるのは1人だった。家族を連れてくることもあれば、本当に独りで暮らすこともあったようだ。通信手段や移動手段が限られた時代、誰とも喋らない孤独な毎日は、たとえ美しい海を眼下に置いていても孤独

航路標識番号
0709

所在地：山口県下関市豊北町大字神田1634の3
アクセス：特牛港から徒歩8分、JR「特牛駅」から徒歩60分
初点灯：明治45（1912）年1月15日

塔高:6.3m
灯質:Oc W R 8s
灯器:無等レンズ

との戦いだったかもしれない。

周囲に駐車場はないが、港の端っこまでいって車を停めさせてもらう。少し手前の山側に階段が見つかるので、そこからのぼっていく。夏場は藪に覆われ道がふさがれることがあるので、秋冬に訪れる方がいいと思う。

中国・四国／山口県／つのしまとうだい

# 角島灯台

## 建設当初から使われているレンズが今夜も灯る

重文
のぼれる
恋する
明治A
カード

航路標識番号
0715

所在地：山口県下関市豊北町
大字角島字夢崎2343
アクセス：バス停「灯台公園前」徒歩5分
初点灯：明治9（1876）年3月1日

有料P（徒歩5分）

塔高:30m
灯質:Fl W 5s
灯器:第1等8面
閃光レンズ

御影石の美しい質感と、優美な造形が高く評価される灯台だ。灯台に興味を持っていなかった人も、この灯台を見ればきっと魅力に気がついてくれると思う。

R・H・ブラントンの設計として知られるが、この灯台とよく似た灯台がスコットランドにもある。Ardnamurchan（アードナマルカン）という灯台で、ブラントンが指示を仰いでいたスティーブンソン兄弟（デビッドとトーマス）の一番上の兄であるアランの設計だ。この設計図をかなり参考にしたのだろう。どちらの灯台も内部を見学でき、訪れる観光客も多い。スコットランドと山口県の遠く離れた場所で、そっくりな灯台が存在していることが面白い。

レンズは第1等8面レンズで、建設当初に設置されたオリジナルだ。１５０年近くも毎晩回転し、光を

放っている。この光でどのくらいの人の命が救われたのだろう。美しく崇高に感じられる光なので、昼の姿だけでなく、ぜひ夜も見てほしい。ちなみに灯台の隣で光っているのは照射灯。以前は灯台の上部に取り付けられていたが、せっかくの美観を損ねるということで現在の形となった。

灯台の近くにはハマユウの群生地がある。花びらがヒョロっと細い長い、白い花だ。この花は灯台建設時にイギリスから持ち込まれたものだという。

# のぼれる灯台

日本には「のぼれる灯台」と呼ばれる参観可能な灯台があり、その数は現在16基です。燈光会が管理し、尻屋埼灯台と入道埼灯台は積雪のため冬季に参観を休止しますが、それ以外の灯台は1年を通じて毎日見学が可能です。寄付金として300円が設定されています。灯台の中は螺旋階段でちょっと息が切れますが、バルコニーからは広がる海を前に爽快な気持ちになれますし、灯台に大接近できます。

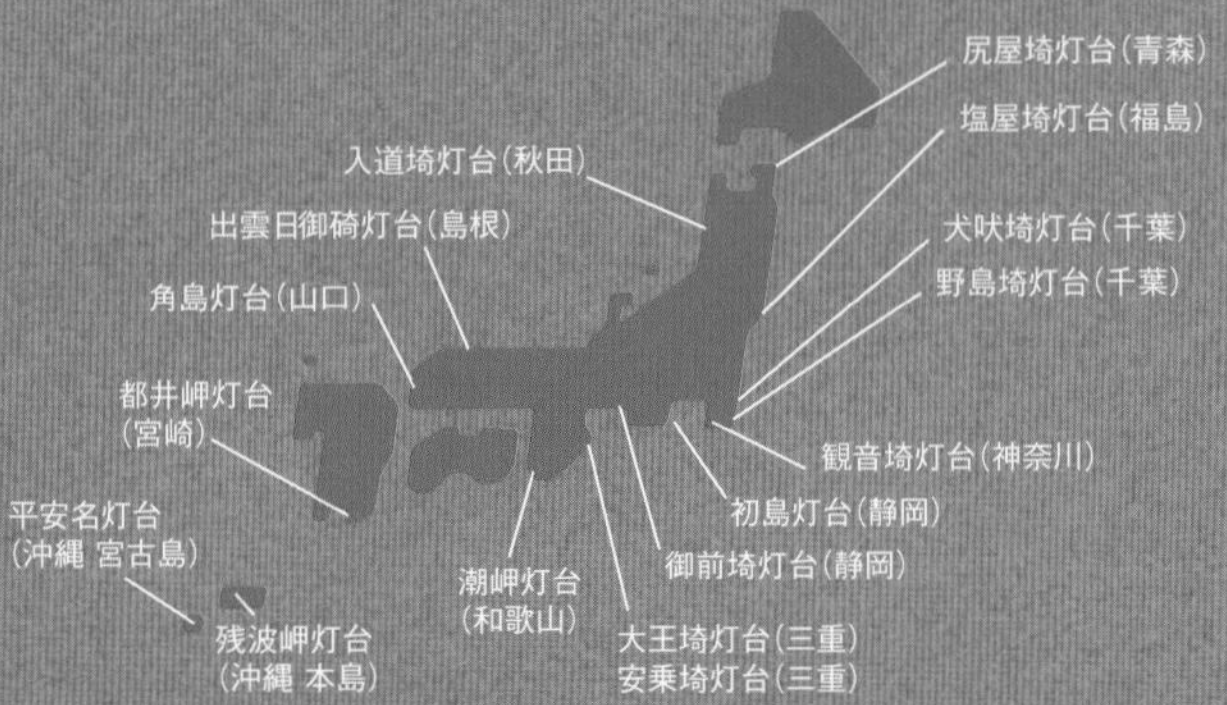


## 展示室

ほとんどののぼれる灯台には展示資料室が完備されています。実際に使われていたフレネルレンズや、電球、灯台守が使っていた管理用の道具などが展示され、灯台について深く知ることができます。子どもでも興味を持てる工夫もしてあります。

❶犬吠埼灯台のバルコニー ❷観音埼灯台からの眺め ❸犬吠埼灯台の展示資料室 ❹塩屋埼灯台の展示資料室

## 燈光会

燈光会は灯台の認知啓蒙活動の一環として様々な取り組みを行っています。小・中学生を対象にした「灯台絵画コンテスト」や、スタンプラリー、インスタグラムなど。また灯台で地域活性化を行っている自治体主催の「灯台ワールドサミット」では、日本航路標識協会とともに協賛しています。

# 九州・沖縄の灯台

083

# 部埼灯台

九州・沖縄／福岡県／へさきとうだい

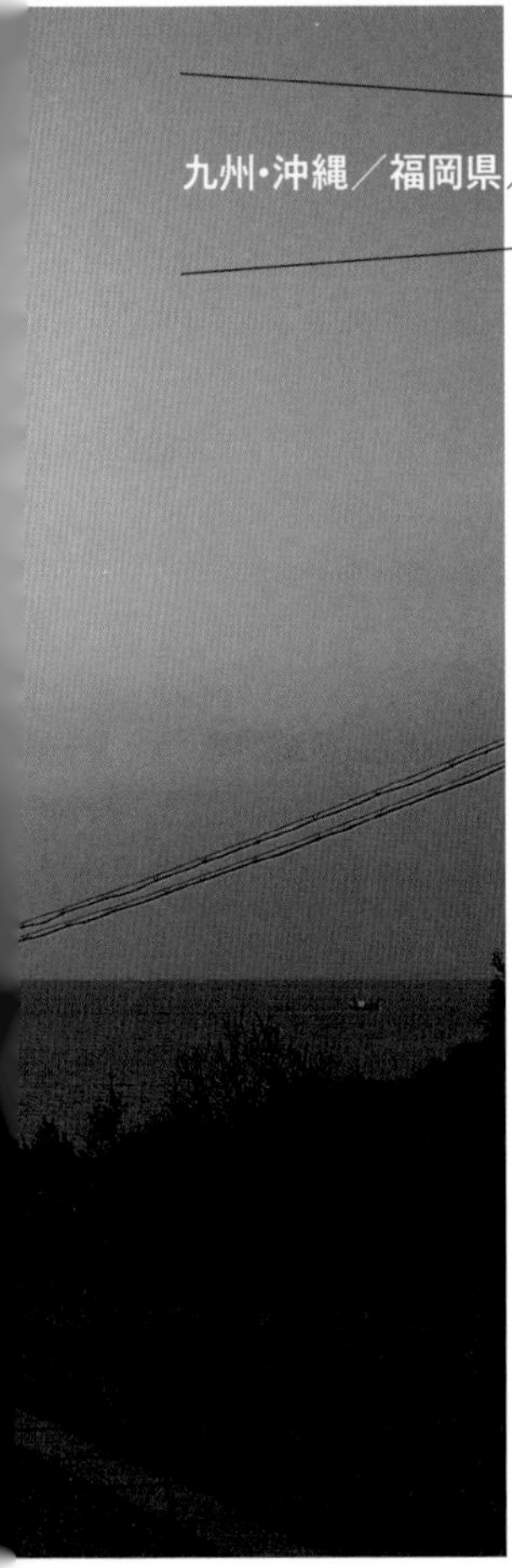

## 国内唯一のレンズ

この灯台で使われているレンズは日本で唯一のもので、「連成不動《れんせいふどう》単閃白光毎15秒に１閃光」という光り方をする。海上から見ると「不動光」というずっと途切れない光の中、15秒に１回ピカっと強く光って見えるというものだ。暗くなる時間がないので、灯台の位置を見失うリスクが少ない。この連成不動という光り方は防波堤灯台でも見られるが（ＬＥＤ灯器への電圧を変えることで表現する）、レンズでこれを表現するために、回転しながらレンズの上部で不動光、中央部で閃光を出す。

このレンズはフランスのソーターハーレ社製で明治28（１８９５）年に導入されたが、以前は第３等大型不動レンズだった（このレンズは現在江埼灯台で使われている）。明治初期の灯台は不動光が多かったが、時代が進むにつれ灯台の数や街の明かりが増えるため、それらと誤認をしないように灯質を変えていった。この灯台もそうした理

航路標識番号
5409

所在地：福岡県北九州市門司区大字白野江
アクセス：バス停「白野江」徒歩35分
初点灯：明治5年1月22日（旧暦）
１８７２年３月１日（西暦）

重文
明治A
カード
無料P

塔高:9.7m
灯質:F Fl W 15s
灯器:第3等小型6面閃光レンズ

由で閃光を加えたのではないかと思う。
　この灯台が建てられる以前から、この場所では火が灯されていた。天保時代、清虚というお坊さんが火を焚いて指標となっていたのだ。火焚場や清虚の像がそのことを今に伝えてくれている。

084

# 筑前大島灯台

九州・沖縄／福岡県／ちくぜんおおしまとうだい

## 花々に包まれる灯台

灯台を菜の花が取り囲み、春はやさしい景色となる。またフジバカマという花も育成されていた。これはアサギマダラという蝶を呼ぶためだ。この蝶は渡り鳥のように日本列島を縦断し、北は北海道南部や東北地方、南は南西諸島まで飛来する。青い筋の入った美しい蝶で、あまり羽ばたかず、風を受けてふわりふわりと舞う姿が優雅で人気がある。筑前大島には春は5月ごろ、秋は10月ごろに飛来する可能性があるので出会いを期待したい。

大正最後の年に建てられた灯台は、エッジに丸みがあって、堂々としながらも優しい雰囲気をまとっている。海側から眺めるとレンズも良く見えるが、風が強い日は足元によく注意してほしい。

この島は宗方三女神の次女、湍津姫神《たぎつひめのかみ》を祀る「宗方大社中津宮」と、沖ノ島の沖津宮を拝する「沖津宮遙拝所」があり、この2カ所が『「神宿る島」宗像・沖ノ

航路標識番号

5815

所在地：福岡県宗像市大島2700

アクセス：大島ターミナルから徒歩1時間

初点灯：大正15（1926）年11月10日

塔高:11m

灯質:Fl（2）W 20s

灯器:第5等2面閃光レンズ

カード

島と関連遺産群』として世界遺産登録されている。灯台からも天候の条件がよければ沖ノ島が見える。一般の上陸が禁止されているので（女人禁制でもある）、沖ノ島灯台には訪れることができないが、ここでは沖ノ島灯台の灯台カードもゲットできる。

　筑前大島までは神湊港からフェリーで約25分。大島港から灯台までは車で約15分。駐車場はないが、近くのスペースに停めておくことは可能。

　島にコンビニはないが、商店や飲食店がある。港から南に徒歩で5分ほどの美味しいパン屋さん「ＩＲＵＭＡ」は日曜日だけの営業だがオススメ。

085

# 白州灯台

九州・沖縄／福岡県／しらすとうだい

## 海上安全の想いを引き継ぐ灯台

響灘の小島である白州は、昔から座礁する船が多く、そのたびに村人が救助に向かっていた。長浜浦の庄屋だった岩松助左衛門は海難事故を減らすため灯台建設を計画する。私財をつぎ込み、周囲に協力を求めたが、反対運動が行く手を阻んだ。実は救助による日当や積荷の拾得を生活の糧とする村人もいたのだ。晩年になってようやく基礎工事を開始できたが、基礎部を立てたところで明治政府に引き継がれR・H・ブラントンによって初代の木造灯台が建てられた。助左衛門は初点を見届けられなかったが、小倉城には助左衛門の設計した燈明堂が具現化されている。現在の灯台は2代目で下部は石積み、上が鉄造。

航路標識番号
5544

所在地：福岡県北九州市小倉北区大字藍島
アクセス：船をチャーターするか、藍島からのクルーズなどで近づくことは可能
初点灯：明治6（1873）年9月1日

塔高:17m
灯質:Fl W 4s
灯器:LED灯器

明治B

# 日本の灯台史

## 日本の灯台

西洋式の近代的な灯台が建てられるようになったのは明治からですが、江戸時代には日本式の灯台である燈明臺や常夜灯が各地に存在しました。その数は100を超えると言われています。木造の小屋や、石灯籠の姿をしており、木を燃やすか、油に浸した灯芯に火を点け、明かりとしていました。漁船や千石船にとって重要な目印だったのでしょう。

常夜灯

## 浦賀燈明堂

神奈川県の浦賀燈明堂は復元ですが、当時の様子がよくわかります。障子紙を貼った窓が明るく灯っていました。日本最初の西洋式灯台である観音埼灯台が近くに建設されると、浦賀燈明堂は明治5（1872）年に廃止され、西洋式灯台に役割を譲りました。

浦賀燈明堂

## 今津灯台

兵庫県の今津灯台は、文化7（1810）年に初点灯した灯台です。これまでに解体修理や数度の復元を経ていますが、現在も許可標識として現役です。

今津灯台

## 灯台の数

灯台の数は時代を追うごとに増えていきましたが、地震によって被災するものや、戦争によって破壊されたものも多くありました。戦後は、急成長する社会情勢にあわせ、日本全国に次々に建設され、さらに数を増やしていきました。現在は、新設されることはほとんどなく、むしろ廃止のニュースに胸を痛めることの方が多いです。ですが灯台の歴史的文化価値が再確認され、地域のシンボルとして地域活性化に役立てられるようになっています。

086

# 豆酘埼灯台

九州・沖縄／長崎県／つつさきとうだい

## 明治期灯台が海上で神秘的に浮かび上がる

対馬は南北に82㎞ほどある縦長の島で、北西部に対馬棹埼《さおさき》灯台、南部にこの豆酘埼灯台がある。この2基は訪れやすいので特にオススメだが、他にも多くの灯台があり、浅茅湾のクルーズでもいくつかの灯台を海上から眺めることができる。

現在の豆酘埼灯台は昭和62（１９８７）年から点灯を開始。フレネルレンズではないが、直径１２０㎝のビーコンは迫力があり、またハロゲン電球を使っているので光の色も暖かみがある。灯塔には照射灯が付いており、力強いビームでミョー瀬に立つ標柱に光をあてる。暗い海上でボーっと浮かび上がる標柱はゾクゾクするほど神秘的だ。実はこの標柱が初代の豆酘埼灯台。明治期の灯台を壊さず標柱として再利用している珍しい例だ。無筋コンクリート造で、当時は白黒の縞模様、しかも日本では珍しい縦縞だった。灯台下の遊歩道に展望スペースがあり、そこからよく見える。

『続日本後紀』には防人《さきもり》が松明《たいまつ》を掲げ遣唐使の船の目印にしたと書かれており、対馬は古くから航路標識の歴史を持つことがわかる。

航路標識番号
6001

所在地：長崎県対馬市厳原町今屋敷
アクセス：厳原港から車で50分
初点灯：明治42（1909）年9月1日

塔高:19m
灯質:Fl W 10s
灯器:LB-H120型灯器

カード

087

九州・沖縄／長崎県／いおうしまとうだい

# 伊王島灯台

## 六角形に秘められた日本初の鉄造灯台の謎

灯台の前に六角形の石組みが残っている。これは初代の灯台が立っていた基礎部分だ。では「初代の灯台」は誰がいつ建てたかというと……、これまではR．H．ブラントンが設計したと考えられていた。しかし明治以前から鉄造六角形の灯台が建っていたことが、長崎県立図書館所蔵の「灯明台一件」という古文書の解読や、ブラントンの手記によってわかった。

その灯台は長崎在住の領事からの申し入れを長崎奉行所が受けたもので、慶応４（１８６８）年に建てられた。イギリスの会社に図面や部品を注文し、長崎製鉄所によって建設されたようだ。ブラントンの手記によると、塔は頑丈にできていたが、灯室には小さなランプがあるだけで、レンズや反射鏡もなく、さらに障子紙で囲われ光が遮られていたという。十分な光達距離を得られておらず、ブラントンは主に灯ろうと光源の改修を行ったようだ。改修以前の灯台を近代的な西洋式灯台とは言い難いが、観音埼灯台より先に建てられて

航路標識番号
6330

所在地：長崎県長崎市伊王島町1丁目3240番1
アクセス：バス停「伊王島灯台」徒歩3分
初点灯：明治4年7月30日（旧暦）
1871年9月14日（西暦）

無料P

恋する

カード

塔高：11m
灯質：Fl（4）W 30s
灯器：第4等4面閃光レンズ

いたというのは驚きだ。
　現在は鉄筋コンクリート造だが、シルエットは初代の灯台を模している。また灯ろう部分は明治期のものをそのまま引き継いでいる。
　官舎は日本最古の無筋コンクリート造の建造物で、現在は灯台資料館となっている。

088

# 樺島灯台

九州・沖縄／長崎県／かばしまとうだい

## 長崎半島から橋を渡っていける島

バルコニーの手すりと、灯ろう周りの柵に統一感があって洒落ている。換気口だろうか、まん丸の穴も可愛い。一見よくある灯台に見えるが、細かい部分の意匠からこだわりを感じる。

周囲は公園として整備され、灯台の前に見晴台がある。海だけでなくレンズを眺めるのにも絶好の位置だ。元官舎は「灯台資料館」として、灯器や電球だけでなく、かなりマニアックなラインナップが展示されている。

毎年3月に「樺島灯台ウォーキング」が開催され、その日に合わせて灯台の一般公開も行われているようなのでぜひ参加したい。

航路標識番号
6352

所在地：長崎県長崎市野母崎樺島町樺島792の1
アクセス：バス停「樺島」徒歩50分
初点灯：昭和7（1932）年7月1日

無料P

塔高:15m
灯質:Fl W 20s
灯器:第3等大型2面閃光レンズ

カード

089

# 口之津灯台

九州・沖縄／長崎県／くちのつとうだい

## 歴史ある港を見守る灯台

口之津港が開港したのは永禄5（1562）年。貿易船が着港し、宣教師が来日するなど古くからポルトガルとの交易があった。明治時代には三池炭鉱の石炭を輸出するための中継港として多くの船舶が出入りをするようになり、それに伴って建てられたのが口之津灯台だ。煉瓦造りで、八角形の灯塔に四角い付属舎が付いている。

以前使われていた第6等不動レンズは口之津港ターミナルビル2階の口之津歴史民俗資料館で展示されている。灯台が建てられた背景にはその土地の歴史が深く関わっており、こうした資料館も一緒に見学することで灯台について深く味わうことができる。

航路標識番号
6370

所在地：長崎県南島原市口之津町65
アクセス：バス停「灯台入口」徒歩10分
初点灯：明治13（1880）年5月10日

塔高:6.6m
灯質:Fl（2）W 7s
灯器:LED灯器

明治B

090

# 大瀬埼灯台

九州・沖縄／長崎県／おおせさきとうだい

## これぞ最果てと感じさせる灯台

航路標識番号
6161

所在地：長崎県五島市玉之浦町玉之浦
アクセス：バス停「大瀬崎口」徒歩1時間
初点灯：明治12（1879）年12月15日

無料P 徒歩往路20分 帰路40分

塔高:16m
灯質:Fl W 3s
灯器:LED灯器

カード

　ここの風景は絵のようだ。あまりにドラマチックな断崖、そしてポツンと立つ白亜の灯台。人知の及ばない世界に引き込まれそうな怖さを感じつつ、それ以上の魅力を感じる。

　五島列島は「長崎と天草地方の潜伏キリシタン関連遺産」に含まれ、世界遺産の島としてますます注目を浴びている。その中で福江島は最も大きな島で、福江港からは大瀬埼灯台を望む展望台まで車で約1時間かかる。ここからの眺めで満足してしまう人も多いが、ここまできたら灯台の足元まで行ってほしい。道は舗装してあるので特に危ない場所はないが、行きはよいよい、帰りは……上り坂が多く少しだけきつい。

　この灯台は長崎・上海の航路にとって重要な目印となるよう建てられた。ブラントンの後任として灯台建設を指揮したJ．マクリッチが視察に訪れ、建てる位置、建材など詳細な指示をだしている。初代の灯台は鉄造で、現在の灯台の足元

の周りに円形の基礎部だけが残っている。また初代の灯ろうは東京お台場の「船の科学館」に移設され、使用されていた第1等閃光レンズは晴海の「ホテルマリナーズコート東京」に展示してある。灯台の立っている高台から階段を降りた場所には灯台守の官舎が建てられていた。

大瀬埼灯台（長崎県）

091

# 湯島灯台

九州・沖縄／熊本県／ゆしまとうだい

## 灯台と猫と大根の島

ここは南島原と上天草の間の有明海に浮かぶ湯島。「島原・天草一揆」の際、島原と天草の住民たちが戦略会議をしたことから「談合島」とも呼ばれる。また島民より多いといわれる猫たちの数は約３００匹。いつしか猫の島とも呼ばれるようになった。

そんな湯島の灯台は大正期に建てられた。バルコニーの手すりがコンクリートで作られていて趣がある。そんな歴史ある灯台に猫のシルエットがぐるりと描かれている。灯台と猫が好きな者にとって、たまらない灯台だ。

熊本県の江樋戸《えびと》港から定期船で約25分。港からは徒歩約15分で、ラストの5分は少し息が切れる坂道だが、ゆっくり歩けば小さな子どものいるご家族でも大丈夫だと思う。灯台にはベンチが置かれ、のんびりと楽しむことができる。

灯台の裏手をのぼっていくと大根畑にでる。湯島大根は生産数が限られるため県外にあまり流通しないが、みずみずしくてとても美味しいのでぜひ味わってほしい。

航路標識番号
**6375**

所在地：熊本県上天草市大矢野町湯島
アクセス：湯島港から徒歩15分
初点灯：大正5（1916）年12月1日

恋する
カード

塔高:12m
灯質:Fl W 3s
灯器:LED灯器

# 憧れの灯台を仲間と目指す!

## 近づけない灯台

灯台の中には、物理的に近づくことのできない灯台もあります。例えば長崎県の島原灯台。防波堤からすぐ近くに見える場所なのですが、立っている場所は海上です。泳ぐわけには行かないし……。このように眺めることはできても、触れることのできない灯台は、もどかしさでさらに強く惹かれます。これも灯台のもつ魅力のひとつですね。

島原灯台

## 定期船のない灯台へのアクセスは?

無人島に立つ灯台は難易度が高めですが、可能性はあります。まず上陸が禁止されていないか確認してください。そして釣り船屋に相談。他の釣り客と一緒に同乗できればラッキーですが、チャーターしなくてはならないこともあります。こんな時に同じ趣味をもつ仲間がいると、情報を集めやすいし、割り勘でお財布にも優しいし、一緒に夢を叶えられるので嬉しさも倍増します! 灯台仲間を増やしたいと思ったら、灯台ファンの集いである「灯台フォーラム」(毎年5月ごろ開催)や、「灯台ワールドサミット」(毎年11月に開催)にぜひ参加してください。

灯台フォーラム

灯台ワールドサミット

092

# 三角灯台

九州・沖縄／熊本県／みすみとうだい

## 歴史港の門番

明治期の三大築港のひとつである三角港は、オランダ人のR．ムルデルによって築かれた。国の重要文化財に指定され、産業革命遺産として世界遺産にも登録されている。当時の面影をそのまま残す石積みの岸壁は必見だ。

その港へ導くため、開港から3年後に建てられたのがこの灯台だ。初代の灯台は木造四角形で戦災によって失われたが、昭和27（1952）年に再建された。山を背に張り付くようにして立っている姿が印象的。

灯台までは、岩谷地区の港の端から岩場に添って歩いていく。15分ほどすると灯台に続く階段が見つかる。足元には十分に気を付けて。

航路標識番号
6428

所在地：熊本県上天草市大矢野町登立
アクセス：バス停「岩谷入口」徒歩20分
初点灯：明治23（1890）年3月1日

塔高:6.6m
灯質:Fl（2）W 7s
灯器:LED灯器

093

# 水ノ子島灯台

九州・沖縄／大分県／みずのこしまとうだい

## 豊後水道の大灯台

ここは豊後水道の真ん中、草木も生えぬ無人島に建てられた灯台。まるで海から突き出てきたような風貌だ。離島の灯台でもっとも背が高く、船上から見上げればその迫力に言葉を失ってしまう。

灯塔は2重円筒構造で外側の素材は石、内側は煉瓦だ。まさに出雲日御碕灯台と双璧をなす灯台で、こちらも石橋絢彦が建設責任者として名前を残している。明治34（1901）年に着工し3年をかけて建てられた。時は日露戦争が始まったころ。大型軍艦の航路を照らすことが目的だったようだ。

塔の内部は、1階は貯水槽、2、3階が倉庫、4、5階は燃料庫、6、7階が灯台守の寝室だと聞く。その上に回転機械やレンズが設置された灯室があるのだろう。灯台守は交代制でこの孤島に勤務していた。台風がくると塔が覆われるほどの

航路標識番号
5701

所在地：大分県佐伯市
アクセス：船をチャーターするか、クルージング企画に参加
初点灯：明治37（1904）年3月20日

塔高:39m
灯質:Fl W 10s
灯器:第3等大型2面閃光レンズ

明治A

大波が打ち寄せたという。灯台守の家族は対岸の官舎に住んでいたが、どれだけ心配だっただろうか。この官舎は現在「海事資料館」となっていて見学が可能。貴重な資料が展示されている。隣の「渡り鳥館」は、数多くの渡り鳥の剥製が展示され世界でも有数の研究資料となっている。これは灯台にぶつかって死んでしまった鳥を灯台守が丁寧に剥製にしたものだ。

灯台を近くから眺めたい場合は船をチャーターするか、佐伯市の観光協会が行っているクルージングツアーに参加する方法がある。

094

# 鞍埼灯台

九州・沖縄／宮崎県／くらさきとうだい

## 日本初の無筋コンクリート灯台

日本初の無筋コンクリート造の灯台として近代化産業遺産にも認定された。灯塔は低いが12角形となっている。円塔より作りやすかったのが理由らしい。お雇い外国人ら帰国後、灯台建設の指揮をした藤倉見達による設計だ。建設中は多くの職人や作業員が従事し、島が大賑わいだったようだ。

目井津港から市営の船が1日に4便でており、約15分で大島に到着する。灯台に行くには竹之尻港で下船。ここから灯台までは徒歩で35～40分。途中で看板も出てくるし、その後は一本道で迷うことはない。また勾配がきついわけでもないが、暑い季節に行くなら多めの飲料水と帽子、虫除け対策が必須だ。商店や自動販売機はないので持参すること。

灯台からは息をのむような絶景がみられ、疲れは全て吹き飛ぶ。灯台だけでなく敷地を囲う塀も真っ白に塗装され、ここだけエーゲ海のサントリーニ島みたいだ。塀の一部にポコっと四角い台のようなものが付いているが、ここにはきっと日時計が設置され

航路標識番号
6711

所在地：宮崎県日南市（大島鞍埼）
アクセス：竹之尻港から徒歩40分
初点灯：明治17（1884）年8月15日

明治A
カード
文化財

塔高:14m
灯質:Fl (2) W 20s
灯器:第3等大型2面閃光レンズ

ていたのだろう。レンズを見上げると太陽を反射してキラキラと美しく輝いていた。玻璃板は上部だけ四角くて、下の部分が三角形なのが珍しい。

写真にはないが、灯台の向かい側の白くて四角い塔は照射灯で、沖合の岩礁を照らし危険であることを伝えている。

095

# 都井岬灯台

九州・沖縄／宮崎県／といみさきとうだい

## 牧場《まきば》の灯台

都井岬は周囲が国定公園となっていて、天然記念物である野生馬「御崎馬」が生息している。向かう途中、馬が町に迷い出ないように道が門で仕切られており、ここで車1台あたり保護と管理のための協力金として４００円を支払う。ここらから先は馬だけでなく、ウサギやタヌキも道に飛び出すことがある（特に夕方以降）ので注意して運転してほしい。

門から灯台までは車で10分程度。のぼれる灯台なので参観受付時間中に訪れることをオススメする。というのも時間外だと門の外からしか眺められないからだ。敷地内には資料展示室を設けているほか、灯台の中腹が空中公園になっている。珍しいと感じたのはレンズを囲っている筒だ。屋久島灯台でも同様の形状のものが見られたが、これは不要な光芒を除去するためのフードだと教えてもらった。本来の光芒のほかに漏れ出てしまう光をカットする役割があるようだ。

また牧場内には南灯台と呼ばれる「ハラジロ瀬照射灯」がある。点灯するとまっすぐな光で危ない瀬を照らす。

航路標識番号
6710

所在地：宮崎県串間市大字大納80の2
アクセス：宮崎空港から車で約2時間
初点灯：昭和4（1929）年12月22日

無料P

のぼれる

カード

塔高:15m
灯質:Fl W 15s
灯器:第3等大型2面閃光レンズ

096

# 屋久島灯台

九州・沖縄／鹿児島県／やくしまとうだい

## 重厚感ある煉瓦と石の灯台

ロケットみたいなシルエット。カウントダウンしたら轟音とともに発射しそうだ。日清戦争後、台湾への航路のために建てられた8基の灯台のうちのひとつ。

煉瓦と御影石を使った灯台で、煉瓦は沖縄で焼かれたそうだ。多くの灯台は灯台守がいなくなって窓を塞ぎ塗り込めてしまったが、ガラスブロックの窓が残っているところもすごくいい。

屋久島といえば大自然の散策を目的にする人が多いと思う。10時間のトレッキングの末に出会える縄文杉。苔むす森や滝なども美しいだろう。だけど灯台を楽しむ時間も忘れずに。

屋久島は円形で、中央部分は山。道路は海沿いにぐるりと一周している。空港から灯台まで車で約1時間。その途中、島の最北端に一湊灯台がある。駐車場から10分ちょっと歩いていくと、四角いフォルムの小型の灯台が現れる。また反対側の南には尾之間灯台がある。

屋久島灯台と一湊灯台は近くの郵便局で風景印にデザインされていて、とくに一湊郵便局の風景印は灯台の描き方がすごくいい。

航路標識番号
6923

所在地：鹿児島県熊毛郡屋久島町永田
アクセス：屋久島空港から車で1時間
初点灯：明治30（1897）年1月10日

無料P

明治B

カード

塔高:20m
灯質:Fl W 15s
灯器:第3等大型2面閃光レンズ

097

# 残波岬灯台

九州・沖縄／沖縄県／ざんぱみさきとうだい

## 沖縄の海を優しく照らす

すらりとしたシルエットが美しい灯台だ。光源はLU-M型灯器といって、車のヘッドライトが複数組み合わさっているような形をしている。フレネルレンズではないが、湿度の高い日などは光芒が美しく放たれる。

残波岬は高さが30mにもおよぶ絶壁が2kmも続き、沖縄でも有名な景勝地だ。那覇空港から車で1時間ほど、沖縄本島の西側に位置し、夕日のスポットとしても有名。

駐車場からは遊歩道となっていて歩きやすく、家族や友人、恋人と訪れる人も多い。のぼれる灯台のため、灯台の目線から海を眺めることもできるし、展示資料室の見学も可能。沖縄旅行がさらに充実したものになるだろう。

灯台から戻って、泡盛「残波」をいただきながら、灯台の姿をまぶたに蘇らせれば至福の時間となりそうだ。

航路標識番号
7101

所在地：沖縄県中頭郡読谷村字宇座
アクセス：バス停「ロイヤルホテル沖縄残波岬」徒歩15分
初点灯：昭和49（1974）年3月30日

のぼれる
恋する
カード

無料P

塔高:31m
灯質:Fl（2）W 10s
灯器:LU-M型灯器

098

# 平安名埼灯台



## 天国のような場所

宮古島の東、全長２㎞の突き出た岬に立つ灯台。「東平安名崎見晴台」からは、エメラルドグリーンの海と、躍動感ある地形の先に小さく灯台を眺めることができる。

灯台の周囲は公園になっている。春先にはテッポウユリが咲き、鳥がさえずる。天国のイメージを具現化したような場所だ。のんびりと歩いて散策するのもいいが、人力車に乗ってガイドをしてもらうこともできる。この人力車は「灯八」といって、平安名埼灯台ではすでに有名。駐車場から灯台までは往復１㎞ほどだが、この間、民謡も交えてお話を聞くことができる。

真っ青な空をバックに真っ白な灯台は本当に映える。八角形の灯塔はスラリと背筋が伸び、持ち送りの部分は直線的でスタイリッシュだ。「のぼれる灯台」で最も南に位置する灯台であり、バルコニーからは当然のように絶景を楽しめる。

北に位置する池間島は、車でアクセス可能。ビーチに囲まれた小さな島で、池間島灯台（下の写真）はのんびりした雰囲気だ。

航路標識番号
7169

所在地：沖縄県宮古島市城辺保良１２２１の14
アクセス：宮古島空港から車で約30分
初点灯：昭和42（１９６７）年3月27日

のぼれる
カード

無料P（徒歩5分）

塔高:25m
灯質:Al Fl W R 20s
灯器:LU-M型灯器

099

# 平久保埼灯台

九州・沖縄／沖縄県／ひらくぼさきとうだい

航路標識番号
7190

所在地：沖縄県石垣市字平久保234の50
アクセス：新石垣空港から車で約40分
初点灯：昭和40（1965）年5月8日

無料P

塔高:13m
灯質:Iso W 6s
灯器:LED灯器

恋する
カード

## 美しい海の色に息をのむ

この海の色をなんと表現すればいいんだろう。青と緑の絶妙なグラデーション。そして吸い込まれるような澄んだ色合いだ。灯台は小型だが、むしろ海の色を引き立てるかのように溶け込んでいる。すでに人気スポットとなっていて、ひっきりなしに観光客が訪れていた。とは言っても灯台の他に何かがあるわけではなく、滞在時間は短めなので駐車場がいっぱいでも少し待てば空きがでるだろう。

石垣島の北部に位置し、中心部から車で1時間ほどかかるが、ここに訪れるまでにたくさんのレストランやカフェがあった。海を眺めながら食事ができることをウリにしているところも多いようだ。私はヤギの刺身を初体験した。鳥刺しのような歯ごたえで、臭みはなく後味にほどよい野趣を感じる。また石垣島では「沖縄そば」ではなく「八重山そば」のノボリが揺れる。大きな違いはないようだが、沖縄そばより麺が細く、縮れてい

ないという特徴がある。
島の西側には石垣御神埼《おがんさき》灯台（左の写真）がある。小高い丘の爽やかな場所だ。駐車スペースからも近いので、気軽に訪れることができる。夕日が有名できっと星空も美しいだろう。

100

# 西埼灯台

九州・沖縄／沖縄県／いりさきとうだい

## 日本最西端の灯台

日本最西端にあたる与那国島。その西に立つ灯台がここ、西埼と書いて「イリサキ」と読む。これは沖縄独特の読み方で、太陽が入る方角だから「イリ」。納得の読み方だ。ここでは日本で最後に沈む夕日を眺められる。天気が良ければ台湾の島影が見え、端っこに来たなぁと実感が湧く。灯台には照射灯が付いていて、点灯時も見応えがある。周囲は公園なので多少暗いが怖さはない。

島の反対側には東埼《あがりさき》灯台がある。ＬＥＤ灯器の小さな灯台だが、広い芝生にポツンと立ち、近くで与那国馬が草を食んでいる。西埼灯台から車で30分ほどなのでこちらもぜひ訪れてほしい。

航路標識番号
7252

所在地：沖縄県八重山郡与那国町字与那国
アクセス：与那国空港から車で約10分
初点灯：昭和32（1957）年11月26日

無料P

塔高:20m
灯質:Fl W 5s
灯器:LU-M型灯器

カード

# 灯台守

## 灯台守の踏み固めた道

灯台を訪れたときのことです。帰りの山道で疲れてしまって、「ゴツゴツして歩きにくいなぁ」と、つぶやいてしまいました。すると、「この道は歴代の灯台守が踏み固めて作った道だよ」という言葉が返ってきました。その声の主は御年 75 歳の元灯台守。当時の話を聞きたいという私の希望で、一緒に来てくださったのでした。ハッとしました。自分の弱音を恥じ、そして歩かせてもらっていることに感謝の気持ちを抱きました。今でも灯台を訪れるたびにこのことを思い出します。

## 灯台守はスーパーヒーロー

灯台守は明治から昭和の中ごろまで、日本全国の灯台に家族と共に着任していました。灯台は人里離れ不便なところが多く、日々の暮らしには多くの苦労が伴いました。生活用水は貯めた雨水。体調を崩しても病院は遠く、商店もないので自給自足を強いられます。山火事や、野生動物も脅威となりました。子どもたちの通学も大変でした。過酷な環境や、戦争時の攻撃で殉職した灯台守、その家族も多いと聞きます。そんな状況でも、「自分がやらなきゃ誰がやる!」という気持ちで自らを奮い立たせ、光を守りました。灯台守の業務は多岐にわたり、灯器の管理や保守はもちろん、悪天時には霧笛を鳴らし、船と無線交信、気象海象データの収集、海上監視も行っていました。高い技術力とともに、強い精神力と責任感が必要な仕事だったのです。

灯台守と子どもたち
（市江埼灯台だと思われる）

今でも 100 年、150 年経つ歴史的灯台が残っているのは、歴代の灯台守の保全のおかげです。灯台を愛する者にとって灯台守はスーパーヒーロー。灯台守に感謝する気持ちとともに、今後、灯台守の精神をどのように受け継いでいくかが課題です。

郵政博物館収蔵「灯台・灯器廻転操作」

## おわりに

灯台はいつも同じ場所にいます。
時代が変わって様々なことが起こっても、
灯台は受け入れ、毎晩必ず夜になると船のために光を灯します。
そんな揺るがない姿に私は憧れを抱きます。
そして灯台は動くことができないから、私が会いに行きます。
ポツンと孤独そうに見える灯台は、
私が会いに行くと少し嬉しそうにも見えます。

灯台への旅は、時空間の旅のようにも感じます。
１００年前の人も同じ灯台を見ていたんだなぁ。
どんな気持ちで、どんな暮らしをしていたのかなぁと想像し、
１００年後の人はどのような気持ちになるのかなぁと思いをめぐらせます。

そして陸の端っこでポツンと孤立して立っているように見える灯台も、
じつは灯台同士が連携して海の道を示しています。
頭の中で地球儀を回すと、世界とつながっていることに気がつきます。

そんな日本全国の灯台から１００基を選ぶ作業は楽しくも難しいものでした。
この本に掲載した灯台の他にも、魅力的な灯台がたくさんあります。
この本をきっかけにして、日本全国、そして世界各地の灯台にも
興味を持ってもらえたら嬉しいです。

一生をかけてもめぐりきれないかもしれない、
でも行きたいと思える場所がある。
これは私にとって日々の生活の大きな原動力となっています。
今夜も灯る灯台に感謝と愛を。

不動まゆう

# 索引

# 参考文献


- ●「灯台表 第1巻」海上保安庁(一般財団法人日本水路協会、2016年3月)
- ●「日本燈台史」海上保安庁燈台部(社団法人燈光会、1969年6月)
- ●「明治期灯台の保全」財団法人日本航路標識協会 (財団法人日本航路標識協会、2001年3月)
- ●「お雇い外人の見た近代日本」リチャード・ヘンリー ブラントン著、徳力真太郎訳(講談社学術文庫、1986年8月)
- ●「燈光」燈光会編集(公益社団法人燈光会、会報)
- ●「R.H.Brunton 日本の灯台と横浜のまちづくりの父」 横浜開港資料館(財団法人横浜開港資料普及協会1991年10月)
- ●「灯台風土記」海上保安庁燈台部 西脇久夫編集(社団法人燈光会 1980年11月)
- ●「全国燈台と岬」松田清編集(日本交通公社、1971年3月)
- ●「全国岬・燈台・港町の旅」木村小左郎編著(金園社、1977年7月)
- ●「日本の灯台」長岡日出雄(成山堂書店、1993年12月)
- ●「燈臺」池田孝(愛之事業者、1942年10月)
- ●「犬吠埼灯台関係内外資料集」犬吠埼ブラントン会(2015年3月)
- ●「港の日本史」吉田秀樹、歴史とみなと研究会(祥伝社新書、2018年3月)
- ●「日本の産業遺産300選[3]」産業考古学会 内田星美、金子六郎、大槻貞一編(同文舘出版株式会社、1994年5月)
- ●「ニッポン灯台紀行」岡克己(世界文化社、2015年4月)
- ●「Lighthouse すくっと明治の灯台64基 1870-1912」 撮影:野口毅、解説:藤岡洋保(株式会社トランスビュー、2015年12月)
- ●「航路標識のはなし」社団法人燈光会(社団法人燈光会、リーフレット)
- ●「ふくおか人物誌[2]」ふくおか人物誌編集委員会 岡田武彦監修(西日本新聞社、1994年8月)
- ●「ふるさと閑話 おどんが こまんかとき」 白石正秀(口之津町文化協会、1999年11月)

〈プロフィール〉

**不動まゆう**（ふどう・まゆう）

灯台専門フリーペーパー「灯台どうだい?」編集長。灯台ファンを増やすため、世界各地の灯台を取材し自費で発行している。灯台愛が溢れる誌面はテレビ番組でも紹介され、ラジオ出演、新聞、雑誌への掲載も多い。灯台愛好会「ライトハウスラバーズ」に所属し、毎年「灯台フォーラム」を企画・運営する。「灯台」や「フレネルレンズ」の文化的価値を訴え、「100年後の海にも美しい灯台とレンズを残す」ことを目標に活動の幅を広げ続けている。著書に『灯台はそそる』（光文社）、『灯台に恋したらどうだい?』（洋泉社）。

| | |
|---|---|
| 写真・コラムイラスト | 不動まゆう |
| 取材協力 | 海上保安庁<br>公益社団法人燈光会<br>一般財団法人日本航路標識協会<br>公益財団法人日本財団<br>一般社団法人日本ロマンチスト協会 |
| ブックデザイン | 川上夏子（クワズイモデザインルーム） |
| 編集 | 池田雪（書肆侃侃房） |

KanKanTrip Japan 9

# 愛しの灯台100

2021年1月21日　第1版第1刷発行

著　者　不動まゆう

発行者　田島安江

発行所　株式会社書肆侃侃房（しょしかんかんぼう）

〒810-0041 福岡市中央区大名2-8-18-501

TEL 092-735-2802　FAX 092-735-2792

http://www.kankanbou.com

info@kankanbou.com

印刷・製本　シナノ書籍印刷株式会社



ISBN978-4-86385-437-6 C0026